桃云潭李白
2024.3

桃花潭李白 著

# 新女性的50个基本

如何拥有稳定的内核，
　　做一个舒展自在的人

北方文艺出版社

一个中年人，与自我，与时代，抗争又和解的心路历程。
非常碎，但它很真。

一个普通人精神内核的建立与稳定,不是来自心肠变硬,是心肠变软。

# 自序

## 当大时代来临,先稳住自己

疫情三年,我写了七十几万字。

怎么形容这七十几万字呢?那是一个四十来岁的中年人,被时代和个体的情绪,鞭打到蒙了,不能自已了,没办法了。曹雪芹说自己写《红楼梦》,不过是"奈何天、伤怀日、寂寥时,试遣愚衷"。所谓试遣愚衷,就是"我陷在那个情绪里,拿自己没办法了,我得给自己找个出口"。这世上,但凡想表达些什么,记录些什么,创造些什么,背后的动机,都是人拿自己没办法了。

而我也是,拿自己没办法了。大大小小、起起落落的情绪,自己的,时代的,突然之间铺陈而来。**情绪困境之下,自我的挣扎、抗争、突围、和解,我拿起笔,记录了下来——很笨拙,但赤诚。**

作为一个受过传统新闻训练的前媒体人,在很长一段时间里,我瞧不上自己这些碎碎念的记录，觉得太女性化，太情绪，太私人。它们不应该，也不能拿出来公开发表。它们本应该是朋友、爱人之间私底下的交流。它们更接近自己写给自己，或者自己写给爱人的悄悄话。

这三年，改变了我的这个想法。我突然意识到，再笨拙的个体，她的真诚记录都是有意义，且有价值的。历史是什么呢？记录又是什么呢？如果历史是一条河，那么再小的个体都是一朵水花，每一朵水花的记录，就是这条河的一部分。

甚至，碎碎念在我眼里，也可爱起来了。当一个时代的公共表达被折叠，当太多人习惯于宏观的叙述，女性化也好，情绪化也罢，反而都成了一种可贵的特质，一种笨拙、粗粝但真诚的特质。赤诚的记录、描摹，笨拙的探求、靠近，那一点点真，或许就是书写最初的意义吧。

时代变了。互联网和自媒体的崛起，改变了信息传播的方式和信息的质地。个体的记录和看见，情绪的升腾和跌落，情感上的自救与和解，它的价值，又进一步被放大了，也更被社会接纳了。

而我也接纳了自己的这种表达。

三年，七十几万字，其实以时评为主。但出的这第一本，共七万多字，和时评没关系。**全是一个中年人，与自我，与时代，抗争又和解的心路历程。非常碎，但它很真。如果用一句话，去概括**

**这个心路历程，那就是：我如何一步步挣扎着，建了个还算稳定的精神内核。用这个内核，去镇住外界的动荡和不安，去接纳生活的不确定性**。在感受力与理性分析之间，在个人命运与时代情绪之间，找到一种中年人的超脱和平衡感。

书名用了《新女性的50个基本》，但其实这50个基本，不分男女，是我们这一代人，都需要去刻意练习的东西。只是我的笔触很女性，视角很女性，它更能触动女性引起共鸣。为方便出版，加了这个前缀。

这本书里，记录的都是生活琐事，以及琐事之下一个女人的感知。有我活到这个岁数对人世的理解，对生活的倾心。看完这些，**我希望我的读者**，能在我的生命体验里，明白一个道理，一个普通人精神内核的建立与稳定，**不是来自心肠变硬，是心肠变软**。是看见绿茫茫的山、山里湿衣的雨、雨中蹒跚的人、人手里淌着水珠的栀子花，都不免心下一软。

翻山越岭的勇气，来自爱。

时隔三年，回看这七万多字的碎碎念，仿佛在看另一个人的心路历程。

还是很感慨的。最感慨的还是，原来我那么温柔，那么细腻地跋涉过生活，也跋涉过心河；原来，我是这样推着自己成长，与自己握手言和的。

亲爱的自己,要记录啊。那是对抗时间和肉身消逝,最好的武器。

想抱抱那几年的自己。告诉她,谢谢你。

2023年11月20日

# 目录

## 第一辑　跋山涉水，找到自己的心气

01　外在驱动：有时越奋进，就越消耗　　　　　　　　/ 2

02　内在驱动：稳住自己的最好方式　　　　　　　　　/ 6

03　守住心气：晦暗里开花的本事　　　　　　　　　　/ 11

04　呵护心念：人生节能的二字箴言　　　　　　　　　/ 17

05　积攒心力：留住内心最后一块支撑　　　　　　　　/ 21

06　习得坦然：雨打行人，不分善恶　　　　　　　　　/ 24

07　整理情绪：崩而不溃，就是优雅　　　　　　　　　/ 28

## 第二辑　拒绝消耗，筑起边界的城墙

08　原生家庭：可以不原谅，但要容得下　　　　　　　/ 36

09　学会切割：如何断了男人爱乱搞的毛病？　　　　　/ 39

10　教育本质：教孩子就是教常识　　　　　　　　　　/ 45

| 11 | 社会本质：无非读懂世道和人心 | / 49 |
| 12 | 甄选欲望：情欲和物欲，如何才能有点高级感 | / 55 |
| 13 | 精神质素：悲喜自度，不被生活欺负 | / 59 |

## 第三辑　建立内核，学会和自己对话

| 14 | 如何自处：渡海的救生衣 | / 66 |
| 15 | 如何自救：慢慢走，欣赏啊！ | / 69 |
| 16 | 如何学习：观其大略，见其智慧 | / 73 |
| 17 | 学会接纳：清醒的人，不快乐 | / 77 |
| 18 | 学会体察：如何把自己活宽泛了？ | / 82 |
| 19 | 个人成长：用多元化的思维，去修正想法 | / 87 |
| 20 | 人生意义：越动荡的时代，越需要梦想来支撑 | / 93 |

## 第四辑　心有余裕，才能活得敞亮

| 21 | 本自具足：世间的"活财神" | / 102 |
| 22 | 心的原点：时间的馈赠 | / 107 |
| 23 | 情之所钟：和有情人，做喜欢事 | / 110 |
| 24 | 锤炼心力：衰败处见希望，是好心力 | / 115 |

| | | |
|---|---|---|
| *25* | 活在当下：原来宇宙有个大账簿 | / 118 |
| *26* | 突破认知：眼前只有一条路的人是可怕的 | / 123 |
| *27* | 松弛指南：最易贬值的，是内卷中的努力 | / 127 |

## 第五辑　爱与被爱，都是渡人成长

| | | |
|---|---|---|
| *28* | 摆脱厌女：这才是"三八节"应该宣告的东西 | / 136 |
| *29* | 恋爱姿态：两个独立的灵魂，抱团取暖 | / 140 |
| *30* | 坦荡爱人：爱是一种本事，需要练习 | / 144 |
| *31* | 坦然被爱：唯有爱，浸润人性的好 | / 150 |
| *32* | 平等相爱：好的爱情，贵在棋逢对手 | / 153 |
| *33* | 男欢女爱：我们都需要补一堂性爱心理课 | / 156 |
| *34* | 认清差异：为何男人更薄情？ | / 160 |
| *35* | 婚或不婚：我们还需要男人吗？ | / 165 |

## 第六辑　让人成长的，是心肠变软

| | | |
|---|---|---|
| *36* | 拥有柔情：让桂花在树上多待几日 | / 174 |
| *37* | 培养美感：感知美，让我们有别于他人 | / 177 |
| *38* | 男人自律：今日起，我以你为约束 | / 180 |

| 39 | 妇人之好：把日子过得丰盈，也很了不起 | / 183 |
| 40 | 他人苦难：若得其情，哀矜勿喜 | / 186 |
| 41 | 庸常人生：和人过日子，过的是他的短板 | / 191 |
| 42 | 世事人情：成长必备的"底层代码" | / 196 |
| 43 | 理性与柔软：人与人之间最朴素的恩义 | / 200 |

## 第七辑　雌雄同体，浪得起也稳得住

| 44 | 女人之美：时代好坏，就看以何为美 | / 208 |
| 45 | 男人之帅：最美的人和物，都是阴阳相交 | / 213 |
| 46 | 雌雄同体：好的爱人，给你看世界的新角度 | / 217 |
| 47 | 所谓恋爱：就是交换一部分自我吧 | / 221 |
| 48 | 自我意识：醒来的女性，让男人既惊且怕 | / 227 |
| 49 | 自我补习：我们这代人缺什么，时代就缺什么 | / 232 |
| 50 | 理智与情感：小孩分对错，成人看幽微 | / 237 |

在一个缺乏共识、没有确定性的时代，
人稳住自己的最好方式，就是专注、自律和行动力。

真正支撑生命的,是一个人的心气、手艺,以及对人世的热爱。
那是剥夺不去的,最要紧的东西。

第一辑

跋山涉水，找到自己的心气

*01*

## 外在驱动：有时越奋进，就越消耗

**①**

和朋友聊天，他没来由地说了一句：有时我挺羡慕你，你的心比我安定。这位朋友少年得志，平步青云，人生顺风顺水，走到哪都人见人爱。这么个准精英人士，还会羡慕谁？可他说：比起我，你更知道自己要什么样的生活，活得更忠诚于自我，更坦然，不纠结。

看他一脸诚挚，我只有哑然失笑。果真是谁彷徨，谁自我撕扯，谁自己知道。所不同的，只是生活圈大小，应酬多寡。谁更掌握资源，谁就更身心受负，自古如此。富贵权力中，谁能有自己。

多年朋友，其实我明白，他说的**心安是什么。那是一种尽可能地减少耗损，凝聚心神不耗散的状态。**生存的成本，除了时间、钱财、身体，还有一样，心神。**我们在乎三围体重，在乎眼角皱纹，但很少在乎心神的损耗。**

心气尽了，人也就只剩肢体活着。

## 2

心气，很容易和自我鞭策、欲望达成，画上等号。高中那会儿，很多同学制作高考倒计时表，把心仪的大学写在上面，日日以此为鞭策。进入社会，这种情况也就见得更多了。登峰造极的，大概就是各种销售。

我有时会想，在大街上做广播操的销售小伙，一天打几千个促销电话的姑娘，他们亢奋完，会有后遗症吗？我们的商业，我们的社会，总是磨损了一些什么吧？而我们这些中年人呢，我们不用为了生计去街头做广播操，但我们的磨损，恐怕更多吧？

小伙要销售出去产品，姑娘要冲月底业绩。而人到中年的我们，靠外界的不安和比较，作为自己的驱动力，以"谁比我更成功"来鞭策自己。害怕落后于人，害怕失去种种。很长一段时间，我们都是这样吧。

终有一天，我们都会明白，这样的鞭策是短效的兴奋剂，长此以往，心力受到极大的消耗。**我们在外界的反馈中找到成就感与快**

乐，又因外界的反馈来发展自我，确认自己的价值。这个路径，危险又脆弱。外界风吹草动，自我认知和价值感就会错乱。于是，我们更加奋进，越奋进，越消耗变形。所有使在心上的力，最终都反弹回来，反噬你，吞没你。

这种消耗磨损人的心气。磨狠了，人也就没啥气质可言了。

### 3

其实，有推动自己精进的更好方式。我发现了至少三条：

要对自己诚实。**每日向外看的同时，分一半眼光向内看，体察自己的内心。一半心力用于谋生，一半心力用于养护自己。当一个人对自己诚实的时候，**心就容易安定下来，更享受日常，更能看到自己的每一点用功与进步，而不是急于要一个结果。这种得到和反馈，相当于定期存款。慢，但可靠。

不要去强求自己符合他人期待，这能让你节能减排。**人很奇怪，当你内心富足的时候，会发现你可以自成天地。**有没有外界的反馈，你都可以日日精进，做自己喜欢的事，按自己的节奏来。

"不要相信当道者，不要相信成功人士，不要寻什么乌烟瘴气的鸟导师。在跟人的互动中，去寻找同道，寻找真正可以师法的健康生活和高尚人格。"**找到同好，很重要。**

## 4

想起一本小说，《查泰莱夫人的情人》（Lady Chatterley's Lover），很好看。它的开头是这样写的：

我们这个时代根本是场悲剧，所以我们就不拿它当悲剧了。大灾大难已经发生，我们身陷废墟，开始在瓦砾中搭建自己的小窝，给自己一点小小的期盼。这是一项艰苦的工作，没有坦途通向未来，但我们还是摸索着，蹒跚前行。不管天塌下几重，我们还得活下去才是。

这个开头，任何时代看都很应景。没有坦途通向未来，只有蹒跚向前。

亲爱的，你知道的，我们跋山涉水、历经艰辛，最终只为找到自己。

## 02

# 内在驱动：稳住自己的最好方式

### 1

孩子在看奥运会。问我：为啥大家都管苏炳添叫"苏神"？拿两块金牌的人，都没封神呢。

大概他最能代表一个普通人，如何逼近人类极限，又如何创造神迹。

百米短跑，9.83秒，意味什么呢？

在很长一段时间里，这个项目是黑种人的统治区。短跑，黄种人没先天优势，而苏炳添在黄种人里也非天赋异禀。国际优秀短跑运动员平均身高1.85米，苏炳添1.72米。跑100米，至少要比1.9米的大长腿们多迈四五步。以0.01秒判高下的竞技，分毫都是天花板。

可是，体育竞技，好看就好看在这。**多少冠军，从来都不是人群里天赋最好的那一个，但他们肯定是人群里最专注、最努力、最不认输的那个。**

他们的存在，某种意义上，是普通人的一道神谕：心力精诚，天地开路。

## 2

2015年，苏炳添第一次跑出9.99秒的成绩。

日本网友称苏炳添是"亚洲的骄傲"，他们好奇，苏炳添究竟有什么秘诀。

后来是中国前男子百米纪录保持者张培萌回答了这个问题："对短跑的领悟，对肌肉的支配，对节奏的把握。"

这话听起来稀松平常。练过的人才知道，同时做到有多难。

短跑凭的是神经本能。10秒内跑100米，即将全身之力浓缩在10秒内，又要有爆发力，又要层层推进，还要有条不紊分配给身体。慢镜头下，脚底触击地面的时间不到0.08秒，近似贴地飞行，是人类爆发力和速度的极限。

**极限里拼极限**，每提高0.01秒就是脱胎换骨。从9.99秒到9.91秒，苏炳添用了四年；再到9.83秒，又用了三年。这七年，**表面看**

**是肌肉、力量、技术，背后是无数次把自己逼死，再活过来。**

从这点说，竞技体育里有宗教精神，它的感染力，也在于此。

### 3

对苏炳添的赞誉有很多。

看了很多媒体采访，最打动我的，是其教练的一句："**他的专注力，不是一般的高。知道自己缺什么，要怎么练，还极其自律。**"

**顶级竞技拼到最后，拼的不是表层技术，是人性里的感知能力。感知有多深，凝神有多强，身体的潜力就有多大。要极其专注，要极度灵敏，要空前忘我。**

专注忘我到一定程度，人类经验就管不到他，老天爷对他也破例。这些人的心智和身体，就成了人类探索的工具。他们每折腾一下，人类的经验就再延伸一点，社会固有的偏见就再少一点。

这样的人，当然是神。

## 4

不管周遭如何混乱，人要学会稳住自己。

**在自己的身上，寻找微弱的确定性**。这话是一个数学老师告诉我的。

那是个牛人，一个拿政府特殊津贴的中学特级教师，风度翩翩，讲课在全省都有名。就是这么个人，唯一的儿子患有自闭症。二十世纪九十年代，国内对这个病还知之甚少，他就自己研究国外最新的医学文献，自己给孩子做康复训练。想想都知道，那有多难。可他坦然自若，整日笑意盈盈。有回讲课，自嘲说：我最不缺的就是教学耐心。

他小孩成年后，依然有自闭症，但已经可以靠弹钢琴自食其力了。因常年陪练，这位老师晚年弹琴也到了可以挣外快的水平。是的，他把教学之外的精力都给了孩子。日复一日，年复一年。

**心气弱的时候，会想想身边这些"神人"，觉得他们都是来渡我的。**

他们用自己的人生告诉我，**心稳住了，生活就稳住了**。

## 5

杨绛说，现代人的问题是，"书读太少，想得太多"。

其实，大部分人是"**书读太少，行动太少，而杂念太多**"。人到中年，越发觉得，人活着，就要活在"行动"里，去做事，去学习。杂念少一点，行动多一点。

**在一个缺乏共识、没有确定性的时代，人稳住自己的最好方式，就是专注、自律和行动力。**

03

# 守住心气：晦暗里开花的本事

**1**

有读者留言说，这两年国内外形势剧烈多变，疫情循环反复，桩桩件件，让她对孩子今后的生活充满忧虑。

还有个读者说，老家拆迁分了六套房。卖了两套送孩子出国读书，原想着剩下的，就等他毕业，在一线城市给安个家。现在孩子想移民，入澳大利亚籍。六套房，依然不够给孩子今后一个基本的保障，越想越心烦。问，怎么办？

这几天放假陪小孩，发现我十二岁的少年，网名从"白马啸西风"改成了"身如不系之舟"。问他：知道这句话出自哪儿吗？答：不知道。只知道"饱食而遨游，泛若不系之舟"。

是苏轼的诗。

心似已灰之木，身如不系之舟。问汝平生功业，黄州惠州儋州。

这是苏轼临死前两个月写的，生平最后一首诗。世人多记诵前两句，却忘了重点是后两句。

黄州、惠州、儋州，是苏轼一生被贬的三个荒蛮地。中年后的大半时光蹉跎于此，受尽苦楚、冷落和折磨，是他人生最晦暗的时期。可是，临了临了，他说：我人生有啥功业可言吗？那就是去过很多地方，见过很多人，有晦暗里开花的本事啊。

**啥叫晦暗里开花呢？不是简单的苦中作乐，是心里压根没"苦"这个字。**

苏轼的一生，是典型的命运给一块糖，再打到满地找牙的一生。

二十二岁中进士，拜师欧阳修，皇帝说这年轻人将来可以做宰相。如此高开，但急转直下。老皇帝驾崩，新皇帝上任，王安石变法，掀起一场旷日持久的新旧党争。皇帝搞新法，苏轼站旧法，祸患是分分钟的事。终于，刀落下来，四十五岁被贬去湖北黄州。

这个贬，不是一般的贬，没有俸禄，没有住所，也没有普通老百姓的身份和自由。今天让你到这儿，明天就让搬去另外的地方。皇帝甚至下令，当地官府，谁要礼待苏轼，就问谁的责。生活上困顿，精神上禁言，政治上呢，是三十来岁的新皇帝厌恶五十来岁的老臣子,等于被朝廷抛弃,政治生命判死刑。满心抱负,一身本事,无处安放。

从高处跌落,被人脚踩,想想都知有多痛苦。初到黄州,他写:"谁见幽人独往来,缥缈孤鸿影","拣尽寒枝不肯栖,寂寞沙洲冷"。可也就难过到这份儿上了。

他是苏轼,他有翻越痛苦和困境的本事。

很快,他在黄州学会了耕种自济,学会了道家养生,甚至研究起印度瑜伽。社交寂寞,他开心地和当地人做朋友。知道自己和新皇帝政见不同,仕途无望,他调整心态,让自己适应长期的贬居生活,努力在日常生活中寻找细微的意义。

困顿的贬居生活,他白天开荒种地,晚来坐船游赤壁。写下千古名篇《念奴娇·赤壁怀古》,也写下妇孺皆知的"人似秋鸿来有信,事如春梦了无痕""回首向来萧瑟处,归去,也无风雨也无晴",这些宽慰了一代又一代人的千古佳句。

刚刚适应黄州的生活,又换新皇帝了,要他北归。从通判、知州做到翰林学士,离宰相一步之遥。啪,刀又落下来。五十九岁,再次被贬。这次更狠,去广东惠州。被人四处驱赶,近乎恶意捉弄。好不容易安定下来,靠兄弟接济和毕生积蓄置了块荒地,造了房。房子刚造好,一纸诏令,又让六十二岁的他,迁去天涯海角的儋州。

临去前，他把家小安顿在惠州，只带了最小的儿子在身边。他跟儿子说，就死在海南岛吧，死后随便葬，不用带回老家。按说，很悲壮了。可一到儋州，他该种地种地，该写诗写诗，还教一群黎族学生读书。学生见他年迈，帮着给搭了两间土房。他又载歌载舞开心上了，给友人写信：谁说这里穷乡僻壤了，我看是人善地美。

**林语堂说，苏轼是无可救药的乐天派、伟大的人道主义者、百姓的朋友。没错，他就是天生元气淋漓的妙人**。时代、生活、境遇，拿他没办法。只要有一点点喘息的时刻，他都在找乐子，找意义。

这种超越现实困境的本事，是他这个人、他的作品，最有魅力的地方。**在他心里，有一个比现实世界大得多的宇宙。他站在宇宙高处俯瞰人间，俯瞰自己。所以，没什么看不开的。**

也正因为有这样的心境和视角，他说自己毕生的功业在黄州、惠州、儋州，而不是他为政一方、有过显著政绩的杭州、密州、徐州，更不是他职场巅峰的东京开封。

一双眼，把世事看得分明。看明后，没有走向虚无和逃避，而是从容直面人生风雨。即使浑身湿透，还笑着说："竹杖芒鞋轻胜马，谁怕？一蓑烟雨任平生。"

## 2

人的一生，什么是真正可以仰仗的？

安全感是什么，从何而来？作为父母，真正能给予孩子的保障，又是什么？我们能保护孩子到什么程度，什么时候？真正该让孩子学会的，又是什么？

导演侯孝贤说，他是读完了沈从文的自传，看了他的文集，才懂应该怎样用镜头拍人讲故事，**才明白什么叫豁达，以及为什么人活着最重要的是"绵延的韧劲"**。

沈从文有多豁达呢？画家黄永玉回忆说，"文化大革命"期间，沈从文被安排去打扫厕所。即使这样，还经常有人检举揭发他，希望他多受罪。黄永玉替表叔抱不平，有次悄悄把他拉到一边，说：今天某某又打你小报告了。哪知，沈从文一点不恼，拿着扫帚咻咻窃笑起来，连声附和说：他会，他会。沈从文的意思是，某某确是会打小报告的人。要很淡定，很豁达，很深情，很善良，才可以连情绪反应的反射弧，都进化到这样。

被扣上"反动作家"的帽子，没日没夜挨批斗写检查，辛苦写的东西被销毁，他不抱怨，不哭喊，只淡淡写一句："可惜这么一个新的国家，新的时代，我竟无从参与。"不让他搞文学，没关系，他转身去做了考古，且做得有模有样。

学生汪曾祺说他是"星斗其文,赤子其人"。可沈从文说,这是一个真实的男子该是的样子。"应死的倒下,腐了烂了,让他完事。可以活的,就照分上派定的忧乐活下去。"不管如何不幸,总不埋怨命运,大不了就道声:好,这下可好!

## 3

人不能选择时代,但人能选择做怎样的自己。

无论是我们自己,还是孩子,任何人的保障和安全感,都不能寄托于他人,寄托于身外之物。那都是没根的东西,并不能让一个人心里长出力气,长出光亮,长出生命的盔甲。

**真正支撑生命的,是一个人的心气、手艺,以及对人世的热爱。那是剥夺不去的,最要紧的东西。** 超脱淡泊、豁达韧劲,都是这么来的。

*04*

**呵护心念：人生节能的二字箴言**

①

看到一个小故事。说梁冬先生去拜师，师父给他讲了件陈年旧事。

师父年轻时有拜把子兄弟九人，他排老六。老五死了，兄弟几个坐下讨论怎么办。兄弟几个，只有师父没结婚。老大就说，老六，要不你跟嫂子过吧。你喜欢嫂子吗？

喜欢。嫂子漂亮、温柔，人也好。但是不知道嫂子愿不愿意。

一问，嫂子也愿意。

大哥二哥乐了，让老六把嫂子娶了，给人家一个名分。

真要娶，年轻的师父迟疑了。回家思前想后，觉得对不住老五。于是，就跑去跟嫂子说：嫂子，这样吧，这辈子有我一口干的，绝不让你喝粥。但是我不能对不起五哥。第二天，嫂子悬梁自尽了。

梁先生问他师父，那您日后怎么看这件事？

师父说：要问自己，是不是真心喜欢嫂子。这是关键。没有多少人真的关心你怎么样，人家怎么说不重要。重要的是，当事的两个人，内心的真实想法。

这个小故事，自打看完，一直留在我心里。它像一个小响铃，时刻提醒我，**顺境逆境，富贵贫穷，不管怎样，人都要活在一个真实的自我世界里。**

人若没有真，会很可怜。

### 2

闺密开车去参加一个活动。

在会场周围绕了半个多小时，始终没地方停车。她是主持人，不能迟到。实在没办法，她把车停在了保安亭旁边。保安走过来，闺密下车去。人还没说话，闺密就先求上了：对不起啊，对不起，我要去参加活动，我是主持人，实在是来不及了，你能不能让我先在这里停一会儿，我把车钥匙和手机号留给你。保安没拦她，还打开后门让她进去了。她前脚刚进，后头就听见另一个保安数落同伴：你怎么回事，车让她停了，人还从后门放进去。

那个保安说，她着急，就帮她一下。

闺密讲起这事，一群女人笑得心照不宣，啥叫英雄难过美人关，这就是啊。女人漂亮到一定程度，确实有"让人开后门"的魔力。

闺密看我们笑得不正经，一脸严肃地说：不，**漂亮真不是武器，诚意才是**。她说，每回有求于人，心里想着的，不是自己长得漂亮，别人会帮你。而是发自内心的真诚，是把心放在低处，让对方感受到，自己是真的希望得到他的帮助。如果他愿意，我会很感激。

闺密说，比起真心诚意的求助，卖弄姿色真的很低级，很小伎俩。**诚意，才是世上最厉害的武器**。

是啊，精诚所至，金石为开。**人最打动人的就是精诚**。

### 3

闺密口中的诚意，其实不是社交技巧，也不是后天训练的情商，而是我们生而为人，最源头的起心动念。**你这份心意，你的有求于人，是出于真诚的本能，还是出于后天习气，你整个人所焕发出来的状态是不一样的**。

真不真，诚不诚，是不是内心散发出来的，其实很难伪装。真诚善意这个东西，别说人，就连小猫小狗都有感受力。**佛家讲，心念一闪震动十方；物理学讲，量子纠缠，其实都是告诉我们，守护好自己的起心动念。**

因为你的每一个念头都是有能量，有信息的。

### ④

待己要真，待人要诚。真诚有了，人就活得轻松了。

轻松，就是节能啊。

05

# 积攒心力：留住内心最后一块支撑

① 

新闻看到头昏脑涨，出门遛弯看花。

春已去半，正是一年中不可多得的好日子，看花日。玉兰刚褪尽，枝蔓吐新芽。樱花、茶花、紫荆花，借着春光，没遮没拦地绽放。桃花、梨花、垂丝海棠，蹑着手脚憋着劲，悄声息候着，仿佛只等赏花的人一声令下，粉墨登场。

但凡是花，总有几分好看。但凡是去看花，人总生几分柔软。世事繁杂，谁不爱这褪了机巧的柔软呢。

很多读者问，你总写"心性""心力"，**人要如何涵养心性，锤炼心力？** 说到底，这跟佛教法门一样。**只要你愿意，时时可涵养，处处是锤炼。** 春日好时光，心力交瘁时，樱花树下小站一会儿，于我而言，就是涵养心性，积攒心力，是庸俗日常，碎小而有力的精神补给。

站在樱花树下，"我"会缩得很小。小如枝头脆薄花瓣。它即是我，我即是它。看风来雨落，花瓣飘零，就是看自己渺小而脆薄的人生。只需站那么一小会儿啊，心里那些好的、坏的、轻的、重的，就会如花瓣起伏，随风舞，又随风落。天地那么大，人那么小，人身上再大的苦痛，放在天地里，都是再也无从说起的轻微，是被担待的渺小。

**见花瓣如见自己，是心性。把沉重艰难，如花瓣落一落，是心力。**

这落一落，就是人学会给自己卸负累，扩内存。

## 2

有时会跟朋友开玩笑，能活到今天，还不面目可憎，得益于两件事：一是要好看，二是爱干净。

站树下看花，去买好看的茶杯汤碗，生病了也要把自己收拾利索，都是要好看。内心秩序坍塌时，衣服得是素净的，书房得是整洁的，这是爱干净。这种要好看和爱干净，能给我一种力量，内心怒画"三八线"的力量。明明已经崩溃成一地的碎玻璃渣，但内心有个声音在喊：碎渣归碎渣，但不能丑，还不能脏。

这种"不想丑，不想脏"，其实带给我很多支撑。崩溃时去看个花，焦虑时洗洗刷刷，都能带来一种安全感——即使整个世界都阴郁模糊，我眼前的花，它是美的，手里的茶盏，它是有秩序且洁净的。

**花的美，茶盏的洁净，此刻都在我手里。这一点点可控和可改变，就成了留住内心最后一块秩序的支撑。**

这种支撑，是漫长艰难里，不可缺的东西。

06

## 习得坦然：雨打行人，不分善恶

### 1

周日，带孩子去郊区湖边。

湖边不远有座寺庙，同去的三户人家开车进山，入寺喝茶。大人小孩皆尽兴玩耍。

返程途中，朋友的车子轧到铁钉，瘪胎了。车行山中爆胎，对一个成年人来说，是偶尔饭菜落衣襟，恼它晦气，却随即平复的事。我们只会想着怎么办，不会问为何是我。但在七岁的孩子眼里，却成了谜团。

小孩绕着三辆车看了一圈，问我：妈妈，我们三辆车子一起在开，为啥就祁恩恩家的车子爆胎了呢？

我正对着山景发呆，随口敷衍他：运气吧。

孩子又问：妈妈，运气到底是个什么东西？

想了想，答：世间万物，天地运行，都有它的道理和规律。你符合了这个规律和道理，大概就是运气好了。比如地上有颗钉子，它是要扎破脚板，扎瘪轮胎的，你要是懂得避让，那就是运气好，可你要是非一脚踩上去，那就倒霉了。

孩子"哦"了一声，说：那今天祁恩恩家倒大霉，我们碰运气了。

答：这种都叫有波折的小事，远远算不上倒大霉。你看，爸爸们换个轮胎就好了。再不行，打个电话叫汽车修理公司，也很快就解决了。

孩子追问：那什么是倒大霉了？

有点被毛孩子问住，不知道怎么答下去，只好含糊着说：涉及生死的灾难吧。比如哪里地震了，海啸了，而你刚好碰到。你无力反抗，连争取的机会都没有。而有运气的人，就有一种避让灾难的本能。

孩子：本能？

答：是啊，动物就有这种本能。你看地震、海啸爆发前，许多动物先跑了。人其实也有，我们一般称作直觉。只是，很多人现在把这种东西弄丢了。

孩子想了想，答：妈妈，那我知道了，我们可以跟动物学。如果发现动物们都跑了，我们也跟着跑。这样就安全了。

## 2

这是前几年带孩子出去郊游，记下的一个小片段。

今天翻出来，看看想想，还是有另一番感触。

其实，我哪知道什么是运气。一本《易经》说到最后，也是告诫世人，所谓天地运行的规律，你知道得太多，并非福相。

世人多把运气理解为福报，而我更愿意理解为一种类似规律、法则的东西。我们从小所受的教育，或者我们所信奉的宗教，都是好人有好报，积德之家必有福气。这当然要信，也得继续这么教孩子。

可是，我也希望我的孩子能懂，"天地不仁，以万物为刍狗；圣人不仁，以百姓为刍狗"。天上并无一个万能的主，把世间的人看得清清楚楚，分得明明白白，按需分配，按劳所得，按善恶以厚薄。老天爷按时下雨，也按时撒钉子。雨打行人，它不分善恶；钉子扎轮胎，也不分喜恶。

## 3

那么，既然好人坏人被雨打、被爆胎的概率是一样的，为啥还要努力做个好人呢？

求心安。

首先，从心神的耗能来说，做好人比做坏人省力。一个心揣恶意的人，一定比一个心怀善念的人，心的能耗大。**算计、嫉恨、报复，都是高耗能的事，干了这些事，一般都没心思去干正经事。这世上再没有比善意盈胸更好的状态了。**

其次，做个温柔善良的人，相对省心，更相对愉悦。每个人大概都有一个气场，善意会召唤善意，恶会衍生恶。我们每一个起心动念都会形成一个因，而众多的因汇聚成一个果。恶念恶果，都会反噬一个人的心性。而**真善美的东西，它涵养心性，它让你强大，让你远离恐惧。**

一个能守护好自己心神的人，通常运气不会太差。

即便偶有雨点打面，他也有力量轻轻拭去。这个力量不是手臂力量，是心里长出来的力量。

## 4

在我的书法老师那儿看到一块老石碑，圆润古朴，甚是好看，上面有四个字：既安且吉。"安且吉"出自《诗经》，是一个男人对心上人的表白，也是一个人对美好和爱的臣服。

安是舒服，吉是美好。江南梅雨季，愿君安且吉。

## 07

## 整理情绪：崩而不溃，就是优雅

### 1

有个网络青春文学作家，住在上海两千万的豪宅里，在一场台风过后，因为疏通堵塞的马桶，崩溃了。

打老公电话，老公来不了。打楼管电话，人家周末休息关机了。无奈之下，只好自己疏通。马桶没通，作家崩溃了，打电话跟物业发飙，说再不来就报警。为此，她写下千字长文，大意说：我那么努力奋斗，才过上了全国TOP5的生活，晋身精英阶层，还是让一场台风和一个堵塞的马桶，打回了底层蟑螂的原形。奋斗的意义何在？

这事在网上引发热议，这场崩溃，以及女作家对自我精英属性的自矜，也刺痛了很多人。

## 2

对女作家文中的观点和价值观,不想评论。对网友的反应,也不想评论。我只想说三点:

第一,不管有钱没钱,我们大部分人在变得越来越容易崩溃。因为狗叫,砍人祖孙三代;因为买菜吵嘴,砍杀摊主;因为停车,捅杀邻居……这样的事,正越来越多。

第二,**崩溃的背后,不是崩溃本身,是对自我生活的不满,是幸福感的缺失**。真正对生活知足常乐的人,没那么容易精神失衡。即使遇到特别狗血的人和事,他错愕,他惊呆,但他不会以暴制暴。崩溃这事吧,只要有一方是波澜不惊,另一方的崩溃也能很快被扶正。就像夫妻吵架一样。一个能适当调节气氛,给个大台阶,另一个也会识趣顺杆下。通常是这样。

第三,面对崩溃,我们该怎么自我调节,或者说,我们可以做哪些练习,缓解这种精神的跳崖自杀。我的经验是,**努力让自己左心房崩塌,右心室重建。边塌边建,边建边塌,最后,建得比塌得快,呈现一个普通人的崩而不溃。**

在我心里,判断一个人是否精神成年,是否活得体面,就看他能不能做到崩而不溃。真的,**崩而不溃,就是优雅。**

## 3

如何锤炼这种优雅?

其实我也不知道。我只想告诉你,一个老头是如何做的。

老头叫汪曾祺,父亲是个画家。从小看父亲画画,也学得真髓。后乱世苟全性命,就不画了。重拈画笔,是在那十年里。运动中,汪先生需要没完没了地写材料,交代罪行。日后,回忆这段,他只是写:没完没了地写交待,实在是烦人,于是买了一刀元书纸,于写交待之空隙,瞎抹一气,少抒郁闷。这样就一发而不可收,重新拾起旧营生。

汪先生后被下放到农业科学研究所劳改,被要求画《中国马铃薯图谱》。这么一段劳改的日子,被他形容成"真是神仙过的日子"。穷居独处,没有领导,不用开会。马铃薯开花的时候,可以蹚着露水,去田里赏花、摘花。在他眼里,缅桂花是花,马铃薯也是花,每朵花里都住着造化的神奇,是有情世界。

当了十年"右派",可他跟朋友说,"三生有幸啊,要不然我这一生就更加平淡了"。不论日子如何艰难,老头都能随遇而安,苦中作乐。在昆明经历了那么多苦日子,可他说,往事回思如细雨。城春草木深,孟夏草木长。昆明的雨季是明亮的、丰满的,使人动情的。他忘记了苦难,只全身心忘情于昆明的雨季和花果。

他说，带着雨味的花使我的心软软的。

至于如何做到，老头没写修炼路径。我总结了几点大法：

一、老头好吃，非常非常好吃，吃解去了他一千愁；

二、老头痴迷花花草草，草木之情，又解去一千；

三、老头能画能唱，丹青音律又解去一千；

四、老头人缘好，身边妙人儿聚集，朋友之乐又解去一千。

人活于世，三千烦恼丝。正负相抵，老头净赚一千喜乐。

### 4

我们每个人的人生都是很艰难的。

谁不是挣扎着活在人世间，人人皆有无处呐喊的哀号，皆有不堪重负的片刻。压倒我们的重负，有时不是骆驼，而是稻草一样轻的琐事。

这件琐事，有时是马桶堵了，有时是孩子不听话，有时可能仅仅因为一句话。我们都离别人的生活挺远的。所谓共情，都隔着肚皮隔着距离，设身处地的体会其实是很难的。

在吾乡，有句谚语：人家的事，头顶过；吾家的事，穿心过。

**对自己多一点了解，对他人多一点体谅。有了这份了解和体谅，也就能明白，"我"没那么重要，我的生活、我的痛苦，放到**

**一个大环境里,微不足道。**

### 5

写文章,好笔力,都是极其克制的,是隐去多余情绪的。好心力,也是如此。崩溃谁不会啊,节制、克制、理智三位一体,才厉害啊。

谁都别轻易说原谅。
有时候不是不原谅一个人，而是不原谅一种恶。

人啊,不能陷在眼前一时一事的悲慨里。
要从悲慨里,站起身来。

第二辑

拒绝消耗，筑起边界的城墙

08

## 原生家庭：可以不原谅，但要容得下

①

热播剧《都挺好》刷到三十几集，直接弃剧了。一个几十年自私懦弱的父亲，突然以女儿为荣了；一个妈宝无理的哥哥，突然替妹妹出头了。这就狗血了。苏大强被女儿一顿怒骂进医院抢救，苏明玉在医院走廊里，挨着石天冬哭的那场戏，可能是最后几集唯一值得看的。一个一辈子都失爱的女儿，她的人生疗愈，可以是老蒙总，也可以是石天冬，甚至可以是个大房子，但绝对不是父亲和兄弟的幡然悔悟，重新接纳。

说到底，无论是二十世纪八十年代《渴望》里的刘慧芳，还是今天的苏明玉，社会对女人的底层逻辑，一点都没变——她要像圣母玛利亚一样包容、慈爱，为家庭、为男人兜底。所以，对苏明玉的安排，还是要原谅，要和解，要冰释前嫌。

前头都嫌了几十年,怎么化得了?

## 2

人的思维和情感,过了四十岁,要改变,基本上很难。

而有些伤害,一辈子都是坑。对苏明玉来说,真正的和解,是远离这个原生家庭。除了必要的赡养义务,老死不相往来。这个赡养,最好还是银行转账。

**谁都别轻易说原谅。有时候不是不原谅一个人,而是不原谅一种恶。**我们无法叫醒一个装睡的人,我们更无法焐热石头一样的心。人生那么短,柔情也有限,还是不要纠缠。

亲人之间,也有缘深缘浅。合不来,就不要强求。即便是亲子关系,有好,我记着,有怨,我也放得下。天底下哪有完美的家庭,理想的关系。所谓完美,扒开来,都是一地鸡毛。三十五岁之后,每个人都是自己的原生家庭,自己的父母家长。

**所谓成长,谁人不是扯着头发,自己爬出泥潭。别人使不上劲的。**

## 3

那苏明玉就一辈子活在不原谅中? 当然不是。

要活在，你不是理想中的你，你不爱我，我知道，但没关系。我不原谅，不和解，但我接得住，容得下。我们之间有界限感，就很好。

承认自己的原生家庭并不完美，承认自己并不足够幸运，甚至承认自己其实非常平庸，这并不丢人。跑步摔跤，一屁股坐地上的狼狈，大概就是人到中年，承认"我就是这样了"。**承认狼狈和不堪，才有在这不完美的世界，平静生活下去的力量。给自己松松绑，或许才能走得更好。**

这世上没有理想的我，只有泥潭里打滚，勇猛精进。且滚且珍惜。

### ④

总要经历过很多才明白，历经磨难，也改变不了什么。

能做的，大概只有接纳。接纳自己，也接纳这个并不美好的世界。然后，**在平庸的生活中，寻找闪闪发光的点，温暖的小细节，和那些值得我们互相取暖的灵魂。这不是与这个世界妥协之后的无能为力，不是放弃生活，而是更加心平气和地，允许这个世界活，也允许自己活。**

有力量地活下去，这个很重要。

## 09

## 学会切割：如何断了男人爱乱搞的毛病？

下面是一封读者来信。

亲爱的李老师：

真的很感谢您，谢谢您一直以来的陪伴！最近遇到一些难题，想请教您。

我和丈夫属于八〇后，来自农村，靠自己的能力在新一线城市打拼。目前有车有房，有房贷。有一个上小学的孩子，就读城市排名前三的私立学校。因为自己是该学校的教师，孩子的学费全免，孩子教育也是我全盘在管。孩子爸在异地上班，周末待家两天。这两天很顾家，家务、孩子全包。当然，这也是我们在生活琐碎的博弈中达成的相处模式。我一直以为，一切都向好的方向发展着。

草根家庭，想要在大城市立足，就得不断前进，还需懂得经营家庭，新形势下要开源节流。但是，这个端午节，看似岁月静好的生活被打破了：孩子爸背着我在直播间给女主播打赏，虽然钱不多，大概一万五（他自述），但从两人的聊天记录来看，他们已经很熟悉了（之前的全部删除了，只看到当天的）。我可以断定的是，他精神出轨了，至于肉体关系有没有，我没有证据。

背着我做荒唐事情，这是第三次。第一次，他在借贷平台借钱炒股，亏了二十多万，兜不住，坦白后，一起还贷。第二次，和抖音上一个小姐姐聊得火热，不清楚有没有打赏，说是好奇。这一次，内心太难过，心中的信念逐渐坍塌。

我很清楚的是不会离婚，也分析了最主要的原因是他有闲，又有钱。工作原因，暂时也没法换到同一个城市。但是这婚姻要如何走下去，怎么挽救，如何从根上给他断掉这些乱七八糟的行为？请给我点建议。

一个迷茫的中年女人

这位读者的来信，我看了好几遍。

按照现下流行的女性主义思潮，其实就一句话：所嫁非人，趁早离开。原因有二：其一，出轨和家暴，有第一次，就有无数次。其二，你有不错的工作，经济相对独立。可是，现实生活不是短平快的网剧和爽文，它幽微复杂。看到问题，马上就说离的，多半是从来没结过婚的。

一段有孩子的婚姻,从来不是两个人的婚姻。不是想离就能离,也不是一有问题就能离。婚姻很复杂,离婚很曲折。

你说,你因为他的经济条件,双休有闲、能管孩子而不愿意离婚。我很能理解。

普通中年妇女对离婚这事,都没有那么洒脱。有时是放不下多年的夫妻感情,有时是离婚了没有住处,有时是无法独立抚养孩子,有时是因为这婚一离,家里每一个人都会掉进一个深谷,有时也可能是另一方长期的拉锯战,让人疲惫。这个时代的女人是很难的,尤其是既能经济独立,还能离婚了把自己和小孩都照顾好,背后的辛酸和艰难只有自己知道。外人看到的,都很浅。

**所以,面对出轨,我的理解是:感情上断得了,经济上离得起,那就离。权衡利弊,不想离或离不了,那就学着粗糙地赖活着。选哪种都行,但一定不要患得患失。**

所谓患得患失,就是在原谅与记恨、不安与求证中来回折返。

老觉得他亏欠你,老是要质疑,总想一探究竟,那就有苦头吃了。女人一旦进入这种状态,就会歇斯底里,面目可憎,对方看不起，自己也会觉得怎么这么轻贱。

**摔碎的瓷器，扔又扔不了，爱又爱不起，是最磨损人心的。**

对出轨这个事，男女的认知是不一样的。

在99%的男人心里，你看，我只是犯了男人都会犯的错。殊不知，婚姻里的第一次背叛，对女人来说，不是简单的肉体或精神出轨，是信仰的崩塌。从那一天开始，这个女人心里的水晶球，就破碎了。

那个全心全意去爱，为他生孩子，和他小鸟衔巢般筑起一个小家，为他从少女变妇女操持家务，一心想和他白首到老永无猜疑的男人，毫不在意地，浑然不觉地，把这个水晶球扔地上摔了。

**一颗心碾在水晶球的玻璃碴儿上，会长出一道绯色的疤，那是每个女人的成人礼。** 女人从此知道，自己嫁的也不过就是个荒蛮的俗人，和马路边、酒吧里、出入洗浴中心的男人，没有一丝一毫的区别。自己的爱情一点不特别，自己的婚姻和这个世上所有千疮百孔的婚姻一样，泥泞不堪，又支离破碎。

如果你选择不离婚，就要喝下这杯泡了"苍蝇"的酒。

你问我，婚姻如何挽救。其实，你要问的，不是婚姻如何挽救，而是你要如何才能让自己好受一点。想好受一点，就要学会一件事，消化这只"苍蝇"。

消化的第一步，是在心里跟这个男人做个切割。**怎么理解这个切割呢？不是简单的死心或者不爱，更不是怨恨，是我的心，那个放着水晶球的心，从此之后，对你关闭了**。我不会再让你进来，摔第二次。永不。关闭这个小房间之后，你会发现，你再发现他乱搞乱撩，就跟发现班上男生违反纪律搞小动作一样。偶尔也动气，但再也不动心，不动情了。纪律乱了，重新维持一下就好。

我可以想出很多让你好受一点的法子。比如，你可以骗自己。他只是精神出轨啊，他还是很爱我爱这个家的。骗得时间长了，自己信了，就好。你也可以选择清醒，就当他是个婚姻合伙人。反正，他总是孩子亲爹。谁好，也没亲爹好。

你也可以像男人一样选择理性，用科学的眼光看待男人爱乱搞这件事。比如，男人是上半身和下半身分离的动物。从生理到心理都决定了，他活着的任务之一，就是不断地到处播种。他所有的乱搞乱撩，就当是寻求一种自我安慰吧。

但我没办法想出一个，可以"从根上断掉他这些乱七八糟行为"的法子。基本上，不太可能。只有一个邪门的招，就是和他商量一下：你给自己多大自由，也要给我多大天地。不能我忠贞，你放纵。要放纵，大家一起放纵。看他同不同意。

记住了，你唯一可以挽救的，是你自己。

# 10

## 教育本质：教孩子就是教常识

### 1

朋友的小孩读初一，考入了本地一所著名民办初中的重点班。小孩从小在美国人的国际学校长大，一下子切换到国内的教学进度，有点蒙。英语、科学、体育是遥遥领先，但数学和语文就歇菜了。努力了一个月，回家抱着妈妈痛哭，说学得一点自信都没有了。朋友是个天赋异禀的妈，摸着孩子的头说：那我们退学吧，你先在家自学。

把这件事和孩子分享了。问孩子：这事你怎么看？

孩子想了想，说：哥哥的妈妈真是天底下最好的妈妈，像老母鸡护小鸡崽一样。

再问他：对于哥哥放弃中考，自修美国高中课程，你怎么看？

孩子又想了想，说：这个问题太复杂了。不过我记得你跟我说过，**人只要有两个以上的特长，就一定有饭吃。**哥哥篮球好，画画好，英语那么厉害，以后一定有饭吃的。

点点头，告诉孩子：会几百个单词，会计算百分比，那叫知识。而懂得"人有两个以上的特长，就一定有口饭吃"，这叫常识。常识和知识的区别在英文里体现得更明显：常识叫common sense，知识叫knowledge。sense是体感、手感，是我们在日常生活中积累的经验。它是认知的基础，比知识宝贵。

**我们学知识，更要懂常识。知识会不断迭代，而常识历久弥新。**

## 2

**常识重要，比常识更重要的是对待常识的态度。**

什么是对常识的态度？我们都知道，荷兰有将近五分之一的领土是填海填出来的。历经几百年，荷兰人发现这种做法破坏了海洋生态系统的自我修复，造成严重的水土流失。发现后，荷兰人就开始退耕还海，用牺牲国土的代价，换取自然环境的改善。这就是荷兰人在常识面前的态度：**知道了，我就遵守，就行动起来。**

上文提到的朋友也是，她就是那种"心里不纠结，行动不费劲"的人。她以"孩子的好奇心、学习热情、自信,比学习成绩更重要"为常识,就在自己能力范围内照着这个常识去做。"不就是休个学吗,就当是社会实践一年"。

我知道,很多人看到这里,首先想到的不是她的思考路径,而是"家里肯定很有钱"。不,朋友和她先生都是城市里的手艺人,普通工薪族。但夫妻俩就是那种"脱离了低级犹疑、自我撕扯"的人,他们活得很节能。

我所遇见过的有趣又节能的朋友,都是追求常识,更遵守常识的行动派。

学点常识不难。难的是按照常识去做,这需要智慧和决断。

### 3

为啥一直和孩子强调"两种以上的特长和技能"?

简单点说,就是要**以常识为基础,建立通识**。通识,表面看和专业知识相对,是对各方面知识都有所了解。**其实质是要学会由A悟到B,打破认知的边界,不断地融会贯通**。良好的通识,决定了一个人处理知识、认识世界的水平。

记得刚去学画画时,老师说笔墨都是呼吸。起先觉得这话很玄乎,后来学了书法、内家拳、瑜伽,突然就明白:画画、写字的一撇一捺，打拳、瑜伽的一招一式，都在一呼一吸之间。瑜伽、打拳如果没有结合呼吸和专注力，那就是广播体操。画画、写字也一样，没有呼吸，就很难有深入的感受。

这种体悟，很难用语言形容，更像是人脱离了语言秩序，直奔直觉的巅峰。甚至有点像禅宗公案里的对白。

僧人问："菩提达摩为何会去中国？"

禅师答："柏树在庭院中。"

语言熄火了，但直觉的火苗在心里亮堂了。

建立通识，不是简单的知识叠加，是通过这种来回切换，由此悟点什么。

人的成长过程中，要时不时被这样"点亮"一下。

## 11

## 社会本质：无非读懂世道和人心

### 1

先讲个《聊斋》里的故事。

有个武财主，喜欢交朋友。一日，神人托梦于他：别老交些不济事的酒肉朋友。有个叫田七郎的，那才值得结交。财主因梦上了心，四处打听，专程去拜访。

田家是猎户，很穷，家里连个凳子都没有。田七郎拿虎皮铺于地，两人席地对聊。财主喜欢上淳朴又精干的七郎，取出银两相赠，七郎不要。硬给，还是不要。推来推去，七郎只得去禀告母亲。俄而出来，坚决辞谢。财主不依，再三要给，田母出来厉色拒绝：我就这么一个独子，不想让他侍奉有钱人！财主脸一红，只好走了。

财主走后，田母告诉儿子："**受人知者分人忧，受人恩者急人难。富人报人以财，贫人报人以义。无故而得重赂，不祥，恐将取死报于子矣。**"啥意思呢？这个世上，你若受人赏识，便要替人分忧；若受人恩赐，便要替人担难。富人报答知遇之恩，可以用钱财，穷人只能用义气报答。无故受赠，不是好事，恐怕将来要以死相报啊。细心的田母还发现，这个武财主脸上带有晦气纹理，必定要遭大祸。

一番话，被潜伏在窗外的财主仆人偷听到了，并回禀了财主，财主深深赞叹田母的贤能，愈发倾慕七郎。

## 2

有钱有势又有心，想亲近一个人，并不难。

财主精心编织了一张逃无可逃的人情网。给银子不要，那就想法子买你虎皮；请你吃饭不来，那我上你家吃。田七郎妻子病死了，财主赶来吊唁，又送人情，又买虎皮。七郎觉得欠他多了，一安葬完妻子，就进山猎虎，但连月无所获。财主又跑来，看着那些被虫蛀了的旧虎皮，说，这些都很好啊，我全要了。心怀亏欠的七郎，埋伏深山几昼夜，终于猎得猛虎。给财主送去，财主说，他要为这只大老虎大宴宾客。他锁上了大门，留住了坚决要告辞的七郎。

席间，宾客满堂，财主却对七郎格外殷勤。又是添酒，又是置衣，七郎不要，但一夜睡醒，自己的旧衣早已不见。没办法，只好穿着新衣服回家。到家后，派儿子把新衣送回，拿回旧衣。财主却说，旧衣服啊，已经拆来做鞋衬啦。

为还这一套新衣的人情，七郎又连着进山，给武家送了好多兽皮。偿付了这些后，七郎再不上武家门。对上门纠缠不休的武财主，田母也严词警告，指斥他不怀好意。

## 3

可命运弄人。七郎惹上人命官司，下狱了。

听闻此事的武财主，四处奔走，仗义疏财，把七郎从牢里捞了出来。

看见儿子回家，田母终于改口，她说：你的命是武财主捡回来的，我已经拦不住你了。

此后，七郎来见武财主，并不说个谢字；财主再送他东西，他也不推辞。旁人觉得奇怪，觉得七郎好生无礼，唯有武财主知道，一个不轻易接受一分钱馈赠的人，他定不忘一饭之恩。

**小恩可谢，大恩不言谢。**

但大恩有要报的时候。武财主有龙阳之好。有个叫林儿的男宠，恃宠生娇，调戏起武财主的儿媳妇。武财主儿子见了，与他扭打，林儿跑到武财主的死对头家，还到处造谣，说武财主儿媳妇和他私通。武财主气得要死，大骂林儿。过一夜，家里仆人来报：林儿死了。死对头告到县衙，县官抓了武财主和武财主叔叔，一顿毒打，武财主叔叔死了，武财主被放出来了。过几日，县官就莫名被杀了。

躺在县官旁的，是挥刀自刎的田七郎。

### 4

有人问：孩子刚读大一，有啥推荐的书吗？

**二十来岁的年轻人，最需要看的不是书，最需要阅读的是人性。**

这届年轻人最不缺的就是知识。他们的知识面，他们获取知识的能力和渠道，早远远超越上一代人。但他们的现实感不强，他们对人的理解通常扁平化，这就导致他们对一些很复杂的问题，往往采取简单粗暴的评判和分割。而这背后的原因，就是对人性和世道的不了解。

田七郎的故事，来自《聊斋》。孩子从书架抽走这本书时，我推荐他读的第一篇便是《田七郎》。孩子尚小，读不懂这文字背后的人心世情。只是仰着脖子问我：为何田七郎在自杀之后，尸体还能站起来？是他有神力吗？

不是。是不甘心。这里，既有一腔赤诚对满心算计的不甘心，也有对"富人报恩可以用钱，穷人报恩只有命"的不甘心，更是一个对生命和情义有坚守的人，对命运的不甘心。

蒲松龄这个狡猾的男人，在文末写：田七郎多义气啊，田母多智慧啊。他就是不肯写：人心多险恶，现实多残酷。**个体多渺小，命运多诡谲。捆绑于每个人身上的爱恨情仇、做人准则，要如何坚守，又要如何超越**。他让读者自己去体会，自己挨个摸机关。当一个人步步为营，用他自以为是的方式，对你好、帮助你的时候，值不值得你拿他当朋友，值不值你一腔赤诚相待。

我们要如何识人辨人，面对他人的越界，又要如何自处。

### 5

我们这代人，先有理想的世界，再有现实的世界。先有琼瑶、三毛，再有爱情；先有善恶分明的武侠观，而后才明白社会不是鹿鼎记。这代年轻人，他们没有理想，他们只想丧丧地活下来。他们走出校门，面对的是一个零利率、低增长，深度老龄化，不婚不育，文化上愈来愈保守的世界。

越是在这样的世界，越是要及早认知：知道世道从来都是黑的，人性复杂幽微；知道世界是如何运转，社会是如何构成；知道自己的长处，也明白内心真实的欲望。去争取能争取的，改变能改变的，得到能得到的。

### 6

年轻人难道不应该先经历懵懂象牙塔，再面对现实社会吗？这样是不是太残忍？

**欺骗和隐瞒，并不能给人以勇气。了解真相和方法，才能让他真的勇敢。**

### 7

世人都说张爱玲看问题太透彻，对人性太悲观，写世情太薄凉。

有次北岛问阿城：她把人性写得这么恶，有什么意义呢？阿城答：**写尽了人性的恶，再回头，一步一光明。**

**把世道人心拆解得这么细，不是悲观，恰恰是深情。**

*12*

## 甄选欲望：情欲和物欲，如何才能有点高级感

### 1

今天来聊聊欲望和审美。

人是很奇怪的动物，我们一生都在和欲望打架。**欲望打没了，人陷入虚无；欲望过强了，人沦为欲望的奴**。如何拥有欲望，又享受博弈，还不被裹挟？人与欲的和谐，靠的是什么？

年轻时，认为是自制力。它强了，就拼命抑制它。人到中年，才明白人战胜不了欲望，正如人消灭不了情绪。只能接纳它，与它和解。

怎么和解呢？我的心得是：

首先，**你要有某种程度的满足过**。你得用过好东西，见过好风景，遇过温情好人儿。

其次，**你要建立自己的审美**。知道人世间最可贵的好，是好在

什么地方。什么叫食之鲜、物之美，什么叫情欲即起，心旌摇曳。

审美带来品位。

**有了满足和审美打底，人就不容易做欲望的奴隶。**

比如，你从小有个极会做饭的娘，一日三餐都是被精心喂养，你对粗糙滥制的外卖就有抵抗力。你曾被好人儿深爱，你知道被欣赏被包容是啥滋味，当你遇到自私变形还想精神控制你的人，你就会有抵触情绪。被好人润泽，被好物滋养，人自然会有轻逸。

所以，无论是情欲还是物欲，我都信奉少而精。做了父母，也这样教育孩子。去渴望，去审美，于良人美物寄深情。**甄选后的欲，是刚刚踮起脚尖才满足，又不会无限扩张的欲。是相爱的人儿恩爱后，心里那声长长的叹息：真好，真好。**

人活着，一定要有那么一个瞬间，深信自己值得拥有，也深信自己能爱人惜物。

这叫珍重之心，能涵养好性情。

## 2

如果再往下说，女性的情欲和物欲，还有别于男性。

相比男性，女性的情欲和物欲，更有匮乏感。女人好像永远缺一个完美的恋人，一份至死不渝的爱情。而她的生活里，也永远缺一件东西。买了衣服，缺搭配的鞋子，搭配齐全了，又想要另一件新的，再来一套新的搭配。她总是在不断地渴求，渴求新，又渴求稳。为什么女性的情欲和物欲，会有这种匮乏感？为何我们都缺爱缺东西？这种"永恒的匮乏"，背后有怎样的自我缺口，以及社会价值体系的缺失？

男性的欲望结构，以父权为核心展开。社会的价值系统，可以成为他的快感对象。比如，一个男人单单是有钱或有权，就可满足他的自我认同和社会认同。他心里，就是觉得老子优秀，老子第一。而社会，也是处处给他颁发小红花。这种双认同，往往让男人在面对欲望时，比女人更自洽，也更节能。

但社会没有给女人这个便利。女人没有与之匹配的简单高效的社会价值体系。女人的自我认可、社会认可，都要比男人复杂，且艰难得多。同样是挣了钱，男人立马就能优越感爆棚，社会美誉度提升。但是女人没这待遇。女人会被三百六十度打量：你有老公吗？你长得好看吗？你温柔忠贞吗？

男女之间的这种双落差，很值得我们去思考。

### 3

想起多年前，和孩子的一段对话。

孩子问我：妈妈，人为啥有普遍的人性，比如良知、母爱。这是后天教育的，还是人的本能？也不知道咋回答，含糊着说：两个都有吧。一部分天生，一部分后天教育。但**人之为人，区别于动物，更在于人是有性灵的。我们不会只满足于动物性的欲望，我们最后都是靠情感得到救赎。**

孩子小手一挥：不不不。那都是人后天自己给自己加的一套说辞。我觉得这些良知啊、情感啊，甚至母爱啊，其实都是出于自私，出于为了人更好地繁衍下去。人性的光辉，就是教育出来的。随后，他举了蝙蝠侠与小丑的例子。说人性的光辉与丑恶，英雄与反人类，其实没有绝对标准。在小丑的世界里，小丑就是那个英雄。

想了几秒，还是表扬了他视角独特。但也告诉他：小丑在他的世界里，确实也是英雄。但那个世界，是靠仇恨联结的。每个拥护小丑的人，都是一身伤痛和怨恨。他们在光明里寻不到爱和肯定，才转而去了黑暗的地下世界。**小丑，他真正想要的，不是毁灭世界，是被世界看见。**

**这个世界上，每一个恨背后，都是爱不得。**

**每一个变形了的欲望背后，还是爱不得。**

与其说我们一生都在跟欲望打架，不如说我们一生都在寻找爱，寻找美。

*13*

## 精神质素：悲喜自度，不被生活欺负

**①**

去看我小姨父。

生龙活虎一个壮汉，说病就病了。先说是骨髓瘤，后排除。又查出尿毒症。化疗、血透、靶向，医院里对癌症患者备下的全套，他都尝了个遍。然，没用。

按理说，人被这么折磨一圈，脸上总有愁苦。可他不。即便在化疗最痛苦的时候，他脸上也找不出怨。他问医生：有保守治疗吗？医生建议腹透，但后半辈子每天都要做。

又问：这样能活几年？医生说：经手过的病人，有十多年还在的呢。听罢，小姨父第二天就出院了。在家休养一个月，他上班去了。每天工作两三小时，然后回家，和我小姨去边上农贸市场买菜。

我去看他,问他:胃口好吗?他一听来劲了,拉着我讨论:酱油烤土豆到底选高山土豆,还是平原土豆?红烧牛肉到底放啤酒还是红酒?

**可以说,我小姨父有个没受过欺负的情感体系。或者说,他知道,如何不被生活欺负。**

## 2

在英国,有个"不被生活欺负"的摇滚歌手。

他是殿堂级摇滚歌手,歌声却一点不摇滚。至少没有摇滚的主心骨——叛逆。听他的歌,有时很乡村民谣,有时又有点爵士,可当他开始弹吉他,又摇滚得不要不要的。他的吉他弹奏太棒了,琶音弹得速度超快,但每个音都均匀悦耳。同时,又能写词,又能谱曲。词隽永,曲流畅,旋律里都是淡淡的深情。

别的曲子是,好听好听,很入心。他的吉他琶音是,好听好听,钻心钻心。琶音一起,心尖儿啊,就融化了。

一首男女合唱的《前进》(*Rollin' On*),是他的招牌柔情菜,听完很想找个人谈恋爱。还有那首比较被人熟知的《我挖到了一颗钻石》(*I Dug Up A Diamond*),以及《日内瓦的夫人》(*Madame Geneva's*)。歌声里有画面,画面里,小小的人儿,寥廓的天地,远处有风声。风啊,轻轻掠过,心啊,都是绕指柔,绕指柔。

他就是著名摇滚乐队"恐怖海峡"（Dire Straits）的灵魂人物，马克·诺弗勒（Mark Knopfler）。长得不帅，眼睛很好看。

## 3

二十世纪七八十年代，西方的摇滚乐正处于从"嬉皮文化"向"朋克文化"过渡的阶段。约翰·列侬（John Lennon）沉迷于致幻剂，涅槃乐队（NIRVANA）在台上砸吉他，少男少女追寻着美国梦。

马克·诺弗勒和他的恐怖海峡乐队，却冷静地观察着这个世界。没有愤世嫉俗，没有无病呻吟，没有虚无赞美，只有静水流深。歌声里，都是絮絮叨叨的现实日常，却是超越了"此时、此地、此身"的现实日常。

马克·诺弗勒的歌，像我们的古诗十九首，《诗经》。匀净、舒展、清澈、明亮，当得起一句"乐而不淫，哀而不伤"。

**哀而不伤这样的词，与道德无关，只是一份精神质素。是无论如何，我选择持久地爱这个世界，温暖而深切。**

## 4

这样的心意，《诗经》里有句：**我姑酌彼兕觥，维以不永伤。**

诗说的是一个女人思念征战在外的丈夫。心乱如麻，想登高马儿衰，想喝酒心情丧。生活晦涩阴郁。可那又怎样，还是要满满斟上一杯酒，告诉自己：**人啊，不能陷在眼前一时一事的悲慨里。要从悲慨里，站起身来。**

古人写诗，有兴、比、赋三种表现手法。这句是兴。所谓兴，见景能生情，见自然即见生命，见他人亦会反观自己。我们读诗、看画、听音乐，求的就是这个"兴"的比照——哈哈哈哈，原来你也曾这样又垮又丧啊。想来，我并不孤单。

这种"哈哈哈哈，你跟我一样丧"的安慰，要去圆融恬淡的人和物里寻找。有时是会心一笑，有时是会心一痛。

求的就是这片刻的会心。

## 5

世有盛衰乱治，人有云月尘土。但古往今来，我们的情感脉络是相通的。

有所悲有所喜，有所爱有所恨，有所望有所信。**无论境遇云泥，健全的心智，健全的情感，是贯穿始终的脉搏和灵魂。**孔子把这些健全，归纳为三个字：思无邪。

思无邪，在我心里，就是赤诚和有情。

爱自己，首先要能感知自己，
感知呼吸和身体，感知细微的情绪，感知纷飞的意识。

越是心智成熟的人,越少做判断,越少谈主张。
他们喜欢从不同的角度做解释、听分析,看他人思考的过程。

第三辑

建立内核，学会和自己对话

# *14*

# 如何自处：渡海的救生衣

### ①

后台有读者说，从没像这两年这样，日子过到心慌。工作不顺，家庭不和，坏情绪不由自主，不知道怎么调节。

**年成不好，人的自我调节和自处，尤显重要。**

说起自处，想起我奶奶。一个特立独行的老太太。

我奶奶九十三岁走的，若活到今年正满百岁。她出生在一个富裕人家，受过教育，也见过世面。奶奶结过两次婚，第一次是父母之命，嫁一个财主。第二次是自由恋爱，和我爷爷。她是三小姐，爷爷是三小姐家的长工，小姐不能嫁长工。奶奶离婚，独自去了上海。

在上海一待就是五年。全国解放，她找到已是乡干部的爷爷，问他：娶吗？爷爷离婚再娶。没几年"文化大革命"来了，当时任县委书记的爷爷被打成反革命，天天挨批斗。眼看着同院的干部死的死，疯的疯。奶奶心一横，扔下五个孩子，陪着爷爷去挨批斗。他到哪，她跟到哪。不哭，不闹，啥残酷场面，都安静陪着。

"文化大革命"十年，她就这么陪了十年。

乡里乡亲都说这女人真狠。狠到没人能猜透她，也没人能靠近她。她活在自己的小世界里。从我记事起，她手头永远有事情做，有自己的节奏和秩序。别人打扰不了。她从不串门攀谈，也不说家长里短，好像闲杂人等休想从她那里偷走时间和注意力。

她做针线，边上定有个收音机。常听的是上海台，有新闻，也有沪剧。择菜时，她爱听单田芳的《隋唐演义》。洗衣时，她可能在听袁雪芬的《西厢记》。她手很巧，会自己裁衣服，自己烫头发，到八九十岁，依然夏天米色真丝，冬天黑呢大衣，行走坐卧，气韵不倒。

我从没见过她大声说话，更没见过她遇事慌乱。起起落落，再大的事，她好像永远镇静，且自有主张。小时候，以为是爱情撑了我奶奶一辈子。如今明白，**撑住我奶奶的，是一个女人的自我觉醒和自我选择。她清楚自己要什么，日子该怎么过，也愿意为此付出和牺牲。**

她问时代和生活拿了她想拿的东西。与时代碰撞，又与生活和解。

**她泅渡人生之海。以自我、情感、行动力，做渡海的救生衣。**

这是她身上最闪耀的东西。

## 2

奶奶或多或少影响了我。

在奶奶身上，**我看到人要做事情，人要搭建小世界**。你有小世界，你就知道心上学。你有事情做，你就知道，心上学了，要事上练。有学，有练，人就不易害怕和慌张。而奶奶的另一个身教，是她让我明白，**人与人最本质的差别，其实不在智商、情商，在于自我觉醒的程度，充沛的情感力，身心合一的行动力**。

分享几个自我安定的方式：

一是读书。长期处理有逻辑的文字，和长期处理视频或碎片信息，大脑褶皱不一样。不管什么年纪，都要有安静看完一整本书的耐心。

二是谈心。要有谈心的朋友。把灵魂的外衣都扒拉光了，互相找找精神上的赘肉。科技再怎么发达，肉身对肉身的触动，眼神与眼神的交流，不会湮灭，也难以替代。

三是运动。运动健身，它不仅是六块腹肌的事情，它是人与自己的身体对话。人需要这样的对话。

四是独处。一首曲一杯茶，碎片时间里，人要学会和自己面对面坐下来，反省点啥，和解点啥。人要时不时看望那个内心最真实的自己。

## 15

## 如何自救：慢慢走，欣赏啊！

下面是一封读者来信。

李老师：

您好！我本是理科生，但平时有写毛笔字的习惯，近期闲时读了朱光潜的《谈美》和《文艺心理学》，有醍醐灌顶般的感受，加深了对审美的理解，瞬间忘却了萦绕在身边的烦心琐事。

现在大环境预期不好，我相信很多人跟我一样，只能匍匐前行。想问李老师，有没有让您印象深刻的书或者可以学习的内容，能够滋养内心，充盈心灵，能够片刻跳脱小环境的裹挟，有朝闻道之感，即使回到现实，也要提醒自己做到朱光潜书中结尾的一句话：慢慢走，欣赏啊！

谢谢你的好问题，让我有找到同类的感觉。

朱光潜那本《谈美》，我印象最深的一句话是：美感经验是直觉的，而不是反省的。那是我第一次知道，**人的反应分用心和用脑。心是先天的直觉，脑是后天的意识。我们一辈子都是在训练脑，训练得多了，就会忘记用心。**

**而美，是能唤醒心的。**

你说的醍醐灌顶之感，我也经常有。但第一次不是在书本上，而是在一个商场里。不是为一个帅哥，而是为一张书桌。那是张乌金木的书桌，造型奇特，但处处拙朴。摆在那里，就有个气场，仿佛告诉每个凝视它的人，你来，来我这里。我给你一方清净小天地。

我至今记得瞬间被定住，一眼倾心的感受。当时就觉得，我这辈子一定要买那样一张书桌，写我的文章，看我的书。世界再纷纷扰扰，都和我关系不大。可能就从那一刻开始，我特别在意，我买的每一样东西，它必须是美的，是有心思和情绪的，是富有生命力的。宁可没有，也不要将就。

我后来才意识到，那是好物对人的审美启蒙。

我的这种龟毛习惯，让我开始不自觉地对艺术和宗教有亲近感。这些年，跟着中央美院的老教授，学过一些艺术启蒙和油画。

也凑过热闹，学过书法。甚至一时兴起，学过中医和针灸。以我小猫钓鱼走马观花的性格，当然，什么都没学成，蜻蜓点水都说不上。但是，真感谢，我在一地鸡毛辛苦养育小孩的那几年接触过的这些东西。

无论哪一样，都在为我打开一扇新的看世界的窗。老教授的启蒙课告诉我，艺术说到底，是让人看见真实的自我。因为这句话，我写了半年的学画手记，也因为这句话，我第一次拿起笔，在日记本上问了自己一百多个问题。我第一次真真切切感受到，艺术是可以启迪人心，陶冶性情的。因为，它所有的努力，都在告诉你，看自己，看那个真实的自己。见自己，即可见众生；见众生，即可见天地。而书法，是另一个微观的世界。提笔一横一画的过程，都是与自己对话的过程。而中医，是在人体中，见天地宇宙，五运六气。一根小小的银针里，藏着虚实补泄，也藏着最朴素的东方哲学。

所有这些看似无用的东西，都让我变得对生命更敏感。我有时会想，**什么是真正的教育呢，大概就是一个人，对自我，对生命，有了层次丰富的敏感。心，**一点一点被拨开。所有大脑的学习，最后都反馈到了心里。

这些无用，给我最大的反馈，就是我发现自己越来越安静，坐得下来，也耐得住寂寞。我可以倒一杯酒，抽一本画册，翻很久。也可以拿起耳机，听一晚上的舒伯特。这些东西，意味着什么呢？不是意味着，我有点艺术和审美品位，是意味着，我之前的那些探索，**绘画、书法、音乐、文字，已经为我建起了一个小小的"防空洞"**。

我在现实世界里崩溃了，碎成渣了，可以去"防空洞"躲一躲。**在那里，把现实里碎了的自己，一块一块粘好。再摇摇坠坠，咬着牙走出来。**

你管那叫跳脱现实的裹挟，我管那叫在防空洞避难。

就在前几天，我去北京，一个朋友问我，现在什么东西对你来说是奢侈品。什么东西，能带给你极大的快乐。

我认真想了想。如果十年前问我，我的答案是爱情。现在，应该是片刻的自在和安宁。或者说，是片刻的，小小的孤独的我，被一个大大的怀抱接纳了。

这个怀抱，可能是一首曲子，也可能是一幅画，还可能是一首诗。

**一个审美的世界，那里有神。见神，即见救赎。**

*16*

## 如何学习：观其大略，见其智慧

### ①

孩子在翻阿城的《遍地风流》。

那是我读过的书，上面画了线，记了笔记。其中有一处，是阿城写他离开山西去内蒙古插队。临行前，有个高年级的好友嘱托阿城，说："像你这种出身不硬的，**做人不可八面玲珑，要六面玲珑，还有两面是刺**。"阿城事后回忆说，朋友这句话，他受用一生。

我在这句话上用荧光笔做了记号，旁边还注了一句：**普通人若没了这两根刺，容易失去自我和个性。普通人没个性，等于没有了生命。那两根刺，是普通人泯然于众生的支撑。**

孩子问我，这批注是啥意思。不知道要如何告诉一个十一岁的孩子，普通人真正可以安身立命的，是拿得出手的手艺，还有暗暗藏于心中的个性、学识、洞见。

**个性不是脾气，是独属于你的志气。**

## 2

孩子说，他觉得画漫画的蔡志忠先生有志气。

蔡先生没有受过正规学校教育，十三岁就辍学离家学漫画。确切地说，不是学漫画，是靠漫画生存。蔡先生是学什么像什么的高人，从佛经到量子力学，从数学微积分到桥牌，从古董收藏到中医，每一样都研究到顶尖。有多顶尖呢？学桥牌，拿过十几个亚洲冠军；学量子力学，可以和该领域最顶尖的人进行最专业的对话；画漫画，演绎经典著作，华人世界无有第二。

问孩子：知道蔡先生为啥这么厉害吗？

孩子答：绝顶聪明呗。

不是聪明，是智慧。智慧并不玄乎，它有章法，有打法，有迹可循。

蔡先生发心学物理时，已经三十多。为学好，他请台湾大学校长李嗣涔开出十个顶尖物理问题，买了三百多本书籍。然后，闭关十年，就学物理。为了看英语原版书籍，他顺便自学了英语。学桥牌，他画聂卫平的思维图，一步步一层层推导，密密麻麻写满草稿。他画画，可以一坐就是十个小时不起身。

对于时间和专注，蔡先生提出一个有趣的观点：**时间就是个微**

**积分。如果一小时值十元，两个半小时就只值一元，四个十五分钟则一文不值。** 反过来，连贯的十个小时可能就值万元。时间的累积关系是指数级，不是倍数级。

蔡先生和我们绝大部分人的想法和做法，都不一样。

我们大部分人都是学知识，追求智。而蔡先生是学方法，学规律，他追求智背后的慧。我们中国人很早就意识到，"慧"超越"智"，是一种更高级的存在。**智是一种经验，是一条线，但慧是不同事物的底层密码，共同规律，是一个面。**

有了这个底层密码，看任何事物都是一点就通。

### 3

说到通，当代著名学者、北京大学教授金克木，被学界称为"通人"。通人是古代对读书人的最高赞誉。金先生在世时，论研究视野，谁也没有他广阔：古今中外、文史哲经、旧学新知，无所不通。

可就是这么一个大学者，他的学历一栏填的竟是"安徽寿县第一小学毕业"。从十六岁起，就自学做编辑、当教员，赚钱养家。凭着过人的自学能力，一路从小学教到大学。从湖南大学教外语，到武汉大学教哲学，再到北京大学教梵文和印度文化。

他自学能力有多强呢？二十七岁那年，傅斯年送给他一本英文注解、拉丁文版的《高卢战记》。他看了一遍附录里的拉丁文语法概要，就开始对着英文读拉丁文原文。《高卢战记》看完，拉丁文也差不多学会了。

很天才吗？不尽然。日后，他回忆这段经历时说，"我是一句一句啃下来的"。

金先生介绍过一种读书方法，叫"格式塔"。这词来源于心理学，说人类大脑的认知过程是一个动态的整体。比如，我们觉得一个女人很美，不是靠分析三庭五眼和身高三围，而是整体认知，所谓"观其大略"。看书也一样，在短时间内对全书的格局形成判断，快速找到最有价值的部分，不在细节上过分纠结。

我们平常读书，大概是照X光；整体认知读书法，大概是全息影像。我们读书是读书，而蔡先生、金先生他们，可能是在解密一种规律，一种叫通识的东西。

## 4

**读书读到一定程度就不是读书了，是读人、读事、读物，是书中种种都对应周遭世界。**

也必然会明白，所有让人叹服的人事物，肯定不是聪明、算计、人心的精巧，是超越这些的智慧，或者说，是一种接近道的东西。

# 17

## 学会接纳：清醒的人，不快乐

### 1

小病两周。

鼻窦炎、中耳炎、重感冒，三方敌对恶势力盘亘纠缠。整个人，从宽带上网变成了拨号上网，残存智商只够刷电影。

这两周刷了《罗马》《绿皮书》《宠儿》等奥斯卡获奖影片，也刷了《人间世》《挑起我们的金扁担》这样的世情纪录片。刷完这些还不够，又去刷了少许甜腻糖水片，比如快进看个《宫锁沉香》啥的。

少时，特瞧不上我娘迷恋琼瑶片，觉得她很傻很天真。现在明白了，**吃了那么多苦，总要来口甜的压压惊**。倘若今天看了金基德导演的片子，那今天吃苦受惊的量就超标了，总得找点傻白甜、蠢萌憨对冲一下，是不是？

人到中年，生活的苦，世间的相，人性的幽微复杂，我们每个人每天都生生经历着。谁还缺导演、作家那五块钱的指点。没有人真睡着，只有人不愿醒。

**清醒的人，不快乐。**

## 2

很多年前，去拜访一位设计师朋友。

他家在市郊，自建的房子，宽敞的院落种了高高的榆树。去时，正值秋冬，榆树叶子铺了一地。古旧石板随意搭着，石凳旁有杂草。这是个精心布置的家，到处是古董藏品。但人在里面，没有压力与拘谨。随意堆放的书，散落的小玩意儿，甚至桌角的茶渍，都在对进门的人说：随意，随意啊。在那之前，我见过很多好房子、好装修，也见过更气派的收藏，唯独这位朋友的家，让我觉得，这才是家。规整与凌乱，刻意与随意，人工和自然，一切都是刚刚好。

人住的空间，总要有人的痕迹，人的气息，甚至是人的局限。总不能让家变成样板房、展览室。太过规整、洁净的空间，让人觉得生分和压力。为什么生分？因为我们每个人都不规整，不完美，或多或少都有缺陷，或多或少都有阴暗面。我们总是在寻找同频率、同纯度的同类。这个同类，是人，是物，有时也是空间。

**完美的人，没朋友。完美的空间，没客人。**

## 3

说到满格与留白，想起两首诗。

南朝梁诗人王籍有一首《入若耶溪》。若耶溪在绍兴，是王籍归隐的地方，竹木丰茂，溪泉幽静。所以他写：

艅艎何泛泛，空水共悠悠。
阴霞生远岫，阳景逐回流。
蝉噪林逾静，鸟鸣山更幽。
此地动归念，长年悲倦游。

北宋的王安石写过一首《钟山即事》。彼时王安石变法失利，辞去相位退居南京，终日与钟山为伴。所以他写：

涧水无声绕竹流，竹西花草弄春柔。
茅檐相对坐终日，一鸟不鸣山更幽。

"一鸟不鸣山更幽"和"鸟鸣山更幽",打擂台了。若结合两人生活工作的经历以及当时的心境,其实王安石写得也挺好。朝堂上,听够了嘈杂,看够了艰险,他自然希望"一鸟不鸣"。一个心怀朝堂的男人和一个无政府主义的男人,看到的景,体悟的境,不可能在一个频道上。但,就诗论诗,就境论境,当然王籍的"鸟鸣山更幽"更胜一筹。

诗啊画啊,太满,就输了。要舍得"糊涂",耐得"脏",要肯留白。

## 4

孩子拿着一本漫画书来找我。

说,有个师父叫徒弟把庭院打扫干净。徒弟花很大的力气,将庭院打扫得一尘不染。师父看到后,走到院中央,摇了摇院中树,树叶纷纷落地。然后,师父缓缓说:这才是真的干净了。

孩子问我:为什么"一尘不染"不是真干净,而扫干净又落了叶,才是干净?

这是禅宗话题啊,我怎么回答得了。想了想,只好敷衍他:这个师父在教徒弟,**眼里要容得下异物**。

什么是异物呢?你觉得自己对的时候,那个"错"是异物。你觉得自己美的时候，那个"丑"是异物。**你接受不了不合自己心意的人或事，这个人或事，就会像伏地魔追随哈利·波特，总是阴魂不散。但你接受了，它就没那么强大了。**

这个徒弟若接受不了洁净的庭院里有落叶，他一辈子都困在一枚枚小小的落叶里。多可惜。

庄子不是说了吗，要"知其不可奈何而安之若命，德之至也"。

### 5

愿君春安。

# 18

## 学会体察：如何把自己活宽泛了？

### ①

每天早上，她都要保姆推着轮椅，带她去菜场。

她长得有点奇怪，方脸，宽肩，眼睛尤其大，眼珠似乎跟不上这种大，所以使劲努着。按理说，很少有人会在这张七八十岁的脸上寻找什么，可我每次见她都会仔细打量。这是一张一言难尽的脸。

她是隔壁新搬来的租户，七十五岁左右，独居，腿脚不便。留意她，是因为每隔些日子，她都要整出些声响。所谓声响，其实是中老年女人的叫唤声、哀求声、干号声，还有响彻邻里的敲门声。叫唤干号哀求的人，是她招来的保姆。她总乘保姆出门扔垃圾之隙，迅速关上门，以示"你被扫地出门了，我不要你服侍了"。辞退是小事，但这么突然就成大事了，毕竟人家保姆人生地不熟，手机身份证钱包行李都还在屋里。

可她就是不开门，不说话，不搭腔。

总要这样僵持很久，有时是一小时，有时是几小时。以警察上门收场。

## 2

警察是我叫来的。接线员问怎么了，我说俩老太太吵架。打起来没？没有。不过比打起来更恐怖。

照顾这样七八十岁腿脚不便的，都是省内偏远山区来的中老年妇女。多半不会普通话，淳朴中稍有木讷。突如其来被关在门外，往往瞬间情绪崩溃。我挨不过这种哀号。这次没等警察来，自己冲了出去。

怎么说都不开门。一时气急，朝屋里喊了话：阿姨，你讲讲道理好不好？每次辞退保姆，都要搞这么一出，欺负保姆，也欺负邻居。这大晚上的，有意思吗？

还是不开。继续不开。憋不住，喊：阿姨，你隔三岔五这样闹，不觉得丢人吗？你的年纪都可以做我奶奶了，像个长辈吗？

坐地上的保姆抬起头，怯生生说了句：她没有小孩，做不了奶奶。

这句话很轻，屋内的人听不到。可屋内说话了，她说：你叫警察来好了。

## 3

警察来了。确切地说，是社区的辅警。已经熟门熟路。

年轻的辅警喊了两声阿姨，门就开了。他没问怎么回事，他说：阿姨，你又受什么委屈了？老太太说：她们骗我！

谁骗你，骗你什么？

家政公司！说好找会说本地话的，这个不会说！

哦。我们找家政公司了解一下。您现在先把行李还给人家，好吗？

好。

这个保姆虽不会普通话，也不会本地方言，但她老家离我们这里就一小时多车程，仔细听，基本都听得懂。

可两位辅警啥也没说，关上门走了。

## 4

老太太一生未婚，没有子嗣。

住进来半年，只有几个老姐妹来看过她一次。楼下的邻居说，她总是半夜还不睡，挂着有四个爪的金属拐杖，走来走去，走来走去。

她让我叫警察来，就是为了听一句"阿姨，你有啥委屈"吧。我很汗颜。

## 5

《红楼梦》里，写贾宝玉讨厌"世事洞明皆学问，人情练达即文章"。

少年的我读到，引为知己。觉得苦练处世技巧，不免过于市侩。人情世故钻营久了，总显圆滑。现在想来，少年狂狷，自命正直。人家曹雪芹压根不是在说你要八面玲珑，他在说，你要看见自己，看见他人，体察人性，体谅生命。

**人情是什么？世故又是什么？都是生命间的往来罢了**。认识自己越深，才能认识他人越深。对人性探究越深，对他人的体谅才越深。**一个人想把自己活宽泛了，定要懂人情，明世故。**

看明白自己，看明白人性，不是为了钻营取巧，是为了体谅生命。明白我们人都是一样的，对幸福的愿望，对情感的渴求，对自身的完整，心意都是相通的。只是她这样活着，我那样活着。我们都是时间长河、宇宙荒涯里，微小的一粒。

一粒有一粒的存在，一粒有一粒的修行。

## 6

《遍地风流》里有一篇《江湖》，里面有一句话：江湖是什么？江湖是人情世故。

小孩拿这本去看了。让他在这句下面画了红圈圈。

摸摸他的头，愿他长大能懂得：体察自己，体谅他人。

# 19

## 个人成长:用多元化的思维,去修正想法

### 1

大概每一个新世纪的初期,总是差不离。

新旧更迭,波云诡谲,文化与思想各种打架。而民众,在混乱中摸爬滚打。所不同的,以前可能是肉身颠沛流离,如今是灵魂无所归依。

1921年的中国,一身洋装满肚子新文化的胡适,可以和拖着长辫子的辜鸿铭、一心保皇复古的林纾,在同一个礼堂里讲他们各自的东西。明明争执得面红耳赤,气得要死,但站起说话前,不忘互相作个揖。

一群学生被收买,说要搞臭陈独秀,举着横幅在北京大学校园游行,骂陈独秀是"伪君子"。陈独秀见了,笑着从横幅底下走

来。一群毛小子，齐刷刷站成两列，弯腰鞠躬：陈先生好！陈先生笑笑，你们继续啊。学生们举起横幅继续骂。

保皇派的文化名人林纾，知道自己的门生出钱收买混混，搞小动作对付陈独秀，拍桌敲拐地骂：文化人之间的纷争，那是堂堂正正、光明正大，从不做下三烂的事！

在1921年，老师们都有雅量，把师德当成生命，骂一个老师"伪君子"，就是对名誉最严重的打击了。而学生们呢，即使有时犯浑，骨子里依然纯朴，有礼有节。

写文章亦如此。见解的对撞，观点的分歧，旧文化和新文化，大家都是建立在理性基础之上探讨。

## 2

**什么是建立在理性基础之上的探讨呢？是大家都有基本的认知和逻辑，都有开放的心态。**

你说，传统文化里有好东西，我们丢了就要捡起来。他说，传统文化那么好，清政府为什么被八国联军打得割地又赔款。你说，西方社会的法制有可取之处，我们要借鉴。他说，美国冲击国会山、疫情大爆发，你瞎了吗？

根本不在一个语境和逻辑里。

这样的结果，是写完"春雨润如酥啊，还是江南"，就必须再补上一段：各位，我不是说北方没有春雨，也不是说北方的春雨不酥。当然，西北、西南的春雨也温柔，只是江南的更缠绵。

在一个手里只有锤子的人眼里，全世界任何东西都是钉子。他只有敲击一个动作。在一个为怼而怼的人眼里，他既听不懂别人真正在表达什么，也不知道自己是在表达观点，还是在发泄情绪。

自我封闭，就是这么来的。

### 3

**越是心智成熟的人，越少做判断，越少谈主张。他们喜欢从不同的角度做解释、听分析，看他人思考的过程**。评判是非对错，下标签，是省力的，但一点用没有。顶多也就瞬间的道德快感，对个人的成长，只有害处没好处。

"没有主张，只谈解释"，是什么意思呢？就是面对一个问题，不从现有的经验出发，不说脱口而出的观点，而是侧重听那些不一样的，关心那些不同的解释，好奇这件事能不能换一个角度看。

一个人思维的多元化，心智的成熟，全靠日常这样训练。

④

人为什么需要多元化思维？

因为人世、人性，包括我们身处的这个宇宙，是一个复杂的整体。人类全部的经验和知识，都是在尝试对"复杂"进行研究和解释。任何单一的角度、单一的思维模式，都是狭窄的、片面的，都有看不到的地方，都会发生现实的扭曲。

只有当你脑中的思维模型、思维路径越来越丰富，你才能建立属于自己的认知。也只有你的角度越来越多，你手中的工具，才从锤子发展到工具箱。

读书、工作、投资、生活，都需要多元思维。

⑤

**多元化思维，在生活中发挥什么作用？**

**它是知道和做到之间的桥梁，是自我修正的黏合剂。**

"我知道"和"我能做到"，这两者之间隔着鸿沟，隔着天堑。

**从知道到做到，就是一个人修行的过程**。我们懂了很多投资知识，但做不好投资。我们知道很多道理，但还是过不好这一生。为什么？

你脑子里有一大堆绝对的原则、完美的道理，各种无懈可击的理论，但落实到自己的生活和实践，原则、道理、理论往往都是差了半码的鞋。你穿不进，你走不了，你硌硬。为什么？

因为现实里没有绝对和完美，现实里只有刚刚好的行动。

### 6

要如何练就刚刚好的能力？

光认识世界还不够，**要去理解这个世界，理解现实里复杂的人。** 而理解的基础，就是关心那些不同角度的解释，并把这种多元、复杂、幽微的观察，练成一种肌肉反应，练成心头的敏锐，进而落实到自己的实践中。

练得多了，这主观和客观，知道和做到，就是脚和鞋对上号了。

### 7

为什么成熟的人很少说主张、下评判？

因为面对一件复杂的事情，或者一种复杂的关系，作为局外人，评判太容易，不过是把自己主观世界已经存在的锤子，拿出来挥舞一番。这很廉价，也不会让人成长。**真正让人成长的，是掀开**

**表象看多面性，并观察别人是怎么掀开的。**

我们所有的学习，人生所有的努力，归根结底，不是为了去评判他人，而是为了落实到自己的实践，过好自己的生活。

多元的视角和思维，是我们修正自己的胶水。以他人为镜，照自我狭隘。

## 8

其实，一个人二十岁之后，脑子里的主观世界就已基本建成了，什么道理他都懂。但在知道与做到之间的鸿沟中，他天天摔。什么是长大？就是摔一次，爬一次，碎一次，补一次。直到摔得渐少渐轻；直到在知道和做到之间，找到那个刚刚好的平衡点。

我们余生的任务，无非是把二十岁就明白的道理，实践于四十岁以后的人生。越来越容得下那些复杂的，多元的，难以名状的东西。

## 20

## 人生意义：越动荡的时代，越需要梦想来支撑

### 1

一次饭局。

事业有成、财务自由的中年学生，在给老师敬酒时，冷不丁问了句：老师，您说，人这一辈子总为钱活着，可钱总也挣不完。到如今这岁数，要如何看待钱，要如何对待钱，才比较好。

一桌的人，刚还谈论国际形势，互相打趣，突然来个灵魂叩问，一下都蒙了。老师的筷子上还夹着面条，这会儿吃也不是，答也不是，只好讪讪笑：不管怎样，都要有颗平常心啊。"平常心"三字，大概是万能膏药，拯救了一桌中年人的尴尬。大家迅速又把话题引向了国际形势。

饭毕，和老师打趣，说：下次，若还有挣了钱的学生问这样的

问题，您就答：人生哪，多余的钱只能做多余的事。有空，不妨问问自己，是否还有梦想。

## ②

说到梦想，奥美拍过一个真人真事改编的广告。

五个年过八旬的老人，在好友的葬礼上重逢。年轻时骑摩托车去海边的照片，就放在葬礼现场。照片里曾经肆意的青春，和现场病的病、死的死的现况，形成一种让人颓然的对照。葬礼过后，饭桌上，有个老头猛然站起来，喊了句：去骑摩托车吧！五个加起来超四百岁的男人，因为这句话被点燃。他们要在过世之前，完成重新骑摩托车环台湾旅行的梦想。

五个人，一个重听障碍，一个得了癌症，三个有心脏病，每一个都有退化性关节炎。但这没啥，他们拔掉吊针，扔掉药丸，丢掉拐杖，说开始就开始了。六个月的健身和准备，五个男人穿上机车装，跨上摩托车，踏上了旅程。最终，五个老男人，来到了年轻时合影的海边，举着朋友遗像，面朝大海，颤巍巍站成了一排。还像年轻时一样，人都还在，海也在。

画面定格在这里，画外音响起：五个平均年龄八十一岁的男人，六个月的健身和准备，环岛十三天，骑行一千一百三十九公里，从北到南，从黑夜到白天，只为了一个简单的理由——梦想。

**人为什么活着？为了思念，为了活下去，为了活更长，还是为了离开？是为了梦想啊。**

## 3

广告片很戳人泪点。

但这些真人真事背后的细节，比片子更动人心。片中有一幕，有个老人车头挂着妻子遗像，身上背着好友遗像，白发飘扬向大海和红日飞驰。这个老人的原型叫何清桐，年轻时曾和妻子有誓言，"我八十岁时若没有死，一定还会载你环岛旅行。"妻子早早离世，自己也一身病痛，以为此生再难兑现承诺。没想，成了。环岛游后，老人到妻子坟前上香，说：我最后载了你一程啊，死后也还是一样。我们说好的。

现实中，骑摩托车环岛骑行的，其实是十七位老人。年纪最大的八十九岁，最小的七十二岁，两位患癌症，四位需要戴助听器，五位有高血压，八位有心脏病。有的出发前才考取机车驾照，有的骑到半路不小心睡着，还有的在险峻的沿海公路上出了车祸。梦想的实现，总伴随艰辛和痛楚，甚至死亡的危险。

可那又怎样，他们比以往任何时候都年轻，都精神，都懂得活着是为了什么。

## 4

人，为什么活着？

面对这样的发问，我们总认为它太过沉重和宏大，觉得不仅找不到答案，反而会让自己心乱如麻。也许，这个问题并非难以回答，而是它本就没有标准答案。我们所要做的，可能就是再勇敢一点，去行动，去体验，埋首向前。当你一点点从心出发，扎根于行动，答案和收获，自然而然就来了。

几年前，看完这个广告片，写了几句感想：

当工业社会代替农业社会，一种意义消灭另一种意义，每个人都在时代的大变革中，无可避免地蜕变着。但有一点，我一直很坚信，**人的自然本性和天真不可失**。爱山川溪流，爱四季更替，爱草木枯荣，也爱那些活泼泼的生命。**去体验，去感受，去经历，不要怕。成其自然，保其天真，这或许是每个渺小个体打败时间的不二法门**。爱这个世界，去追逐梦想，从来都不晚。

今日读来，依然觉得，对自己是种鼓励。

## 5

世界迅速迭代，人的寿命越来越长。

从1840年开始，人类的平均寿命就以每年三个月的速度递增。进入二十一世纪，这个增速仍在持续。我们这代人，很有可能都是百岁老人。人生被拉长，传统的上学、就业、退休三段式人生，就被颠覆。人不会只学一门手艺，不会只上一次大学，不会只结一次婚，更不会只有一次退休。我们可能五十岁才开始二次创业，六十岁才开始新的婚姻，七十岁重新进大学学了个技能，八十岁还情深意长谈恋爱，九十岁才想起，哦，要和老伴一起退休看夕阳。

一个集体长寿的时代，带来的并不只是老龄化、延迟退休、养老金缺口和劳动力短缺这些，它带来的变革远超我们的想象。更复杂的家庭结构，更复杂的代际关系，新一轮的产业变革，智慧城市和零工经济，个人的多样性选择，无论是社会格局还是个人生活，都将被迅速改写。

如果内心没有点东西支撑，人很容易被巨大的不确定性和焦虑裹挟。

## 6

所谓有点内心支撑，有些人喜欢讲梦想、理想、志向。在我们乡下，管这叫心气儿。不要觉得气一沉，肉一紧，那就是心气了。**心气，建立在一个人有清晰的自我，稳定的情绪，开放的心态，还有扎实的行动力之上。**

没有这些打底，万般不过打鸡血。

与君共勉。

扔东西总是一时痛快，修东西总是艰苦卓绝。
见破损悲观是人性，于衰败见希望是心力。

钱财是一种阴,你要有与之匹配的阳,才能得到它、保住它、享受它。如果你阳不足,钱财的阴会反噬。

第四辑

心有余裕,才能活得敞亮

*21*

# 本自具足:世间的"活财神"

### 1

第一次看到"福慧双修"这个词,是在金庸先生的《书剑恩仇录》中,彼时我十二岁。

小说开篇,一个叫陆菲青的武当派大侠,因参加反清复明的帮派,被朝廷追捕,走投无路,到了陕西总兵衙门内院,化名做了个教书先生。他教的是十四岁的总兵千金,叫李沅芷。

一天打坐,苍蝇嗡嗡绕耳,陆菲青手微一扬,几只苍蝇就被钉在门板上。好巧不巧,被学生李沅芷看到,就缠着他学。功夫败露,只有走。临行前,他给李沅芷留了张字条。其中有句:汝智变有余,而端凝不足,古云福慧双修,日后安身立命之道,其在修心积德也。

十二岁的我，并不明白这句话的含义。只是记住了三个词：智变有余，端凝不足，福慧双修。

## 2

三十岁那年，我买了套精装修订版的《金庸全集》。拿起这本《书剑恩仇录》，又看到开篇这句话。从写作的角度、小说的角度，金先生完全可以不放这张字条的内容。可他放了。修订版是金先生七十八岁时，三易其稿完成，很多细碎的地方，都因为人生阅历的改变而做了修改。但这一处，他没有删。

三十岁，已经明白了什么叫智变有余，端凝不足，也知道了，自己缺的就是福慧双修。拿着书红了眼眶，在心里默默给金先生鞠了个躬。也谢谢他，在七十八岁修订时，依然留下这张字条的内容。这句话，值得被人从十二岁记到三十岁，乃至一生。

确切地说，智变有余，端凝不足，是这个时代，我们大多数人身上的特征。

近百年来，中国人的生活，都是跌宕起伏的。很多人的一辈子，都是随着社会结构、政治结构的变化而变化，人在变化里沉浮着，焦躁着，也害怕着。稳妥耐心成了奢侈，端凝沉着成了缺点，智变投机成了所向无敌的矛。

可人活着,不能只有矛没有盾。有矛没盾,很容易恐慌,很容易"穷"。

## 3

我说的"穷",不是银行账上有多少钱,是富足对应的"匮乏"。

这世上有的是有钱但不富足的人;也有很多人,没多少钱,但内心充盈愉悦。而生活很奇怪,一个长期内心充盈愉悦的人,又不会太缺钱。为啥呢?因为这种人一般都心性稳定,做事专注,有稳定和专注,事业就容易成;事业有了气候,人就会来很多正财。正财是自己来的,不是求的。

世人对财富的态度,有三层境界:

第一层是"永远不够",通过不断向外界获取,填这个"不够"的坑。财富来自透支生命和心力。第二层是"差不多够了",对已得到的有一种知足感。简单点说,就是这点水平赚这点钱,挺开心的。第三层,是真正的知足,叫修了福德的"本自具足"。财富对他来说,就是"我自己就是财富""我在哪儿,财富在哪儿""钱在社会大袋子里,啥时需要啥时取""花出去了才叫自己的钱"。对这种人来说,人生是用来玩的,用来为他人和社会付出的。

这种人的富足和喜悦，前两层的人，无法体会。

## 4

过年了，很多人会去拜财神，但真正的财神，就是我们身边那些已经达到"本自具足"的人。你会发现，当一个人的内心富足感越强，他唾手可得的东西就越多。

财富是一种能量，有形财富是我们自己的能量投射在这个现实世界的表达。用中医的话说，**钱财是一种阴，你要有与之匹配的阳，才能得到它、保住它、享受它。如果你阳不足，钱财的阴会反噬。**很多有钱人，活得纠结又虚弱，不知愉悦为何物，甚至为钱多而磨折，就是被身上的钱"咬"的。

而能量也好，阳气也好，其实就是你内心要有宽阔坚实的盾。这个盾，就是"福德"。在这里，福德的意思，不是世俗意义的品行道德，是佛家说的，内在心量的广大。

**福德何来，福慧双修。当我们内在的心量足够广大，福德就来了。而福德转化到自己身上，就叫福报；转化给他人，就叫功德。**

每个人的财富，都是他的阳，在这个现实世界的变现。你身上有多少"财阳"，你就得到多少财。而对财富的享受，是一个人"财福"的变现。你有多少"财福"，你就享受多少财富带来的好处。

不是所有的财富,都会变成"财福"。

## 5

我们度过的都是短暂的一生。赤条条来,再赤条条去。

这来去之间,就是持续不断地做事与成事,找到安放自己的位置。比起得到了什么,更重要的,是我们以怎样的方式,经历了什么。

**古人说,不作众事,名之为闲。这个闲不是无所事事,是内心从容有余量,万千世事里,万千心绪起,懂得取舍,也懂得安住。**

## 6

有时会想,什么是幸福呢?

当一个人能时时觉得,此时此地此身,我所拥有的一切,就是我能得到的最好的。我所经历过的痛苦、伤害、磨难,都是为了让我成为更好的人。这样的人,大概是幸福的,富足的。

冬去春来,愿君身忙心闲,福慧双修。

*22*

## 心的原点：时间的馈赠

### 1

老先生问我：最近画画没？

心下惭愧，老老实实答：没有。

老先生笑笑，安慰我：没关系，想画了就画，不要有压力。老天爷不会给一个正常的成年人以整块的时间。除非是这个人不行了，躺床上了。如今，大家的时间都是碎片化的，尤其是你们现在这个年纪。但，**你要有把碎片化的时间化零为整的能力**。

我点点头，没作声。老先生知道我什么意思：化零为整，好难的。

他拍拍我胳膊，轻声说：只要你足够专心。

是的。做人做事，难在专心。

贪心如我，总有太多东西不肯舍弃，太多琐碎不肯将就。活到这把年纪，还陷于贪心，难免一事无成。**我指的成事，不是狭隘的世俗意义上的成功，或者说，跟外界认可的名利没有关系。它只是一个人能精于一技，乐于一技——安放身心的"技"。这个技，是纪昌学射的"技"，是老叟粘蝉的"技"，是根本不屑与人比较，关起门来自娱自乐，自己跟自己较劲的东西。**

## 2

拜访一位艺人，技艺与生意皆风生水起。

不长不短的三四十年，占尽天时地利人和。人生的每个节点，时代的每一波潮水，他都赶上了。人当然是极聪明的，而且聪明的"变现率"也是惊人的。我好奇起来，问：时代和人生的每个节点，怎么就都被你卡上了？

他答：主要是运气好，加上自己喜欢。从十几岁到现在，没改过初衷，就做这个，钻研这个。我很清楚，离开这个行业，离开这门手艺，我啥都不是。所以，没办法，我只能做到极致。

**人学本事，仿佛风雪夜行。** 有人只能走到傍晚，有人走到半夜，有人咬牙走到凌晨两三点，有人甚至到四点，但大部分人，都不再往前走了。止于天明前，止于夜最暗黑处。但，**总有人埋首前行，不问前路，走到东方既白。**

**那是时间对正念的馈赠。**

### 3

我相信,世界是一种能量运转。

你顺着这个能量走,就是走运,像赶潮水一样,七分力气,三分助推。但我也明白,一切的顺风顺水,都建立在个体圆满的基础上。若你本身的能量不足,则赶不上潮水。

林语堂最喜欢苏轼,说苏轼是个"元气淋漓"的人。二十来岁,读到这个词,只当"意念顽强"来理解。现在明白,好的东西,它不是刚强、顽强,它是圆融。而**这个元气淋漓,是指一个人生机盈满。好好坏坏,高高低低,它都去得了,通得过**。中医里管这个叫"一气周流"。在西方,这种概念体现在心理学,称为"独立完整的自尊体系"。佛经文采好,翻译为"圆融无碍"。

从中到西,从古至今,所有这些都在教我们:在自己的身上修炼佛性,去构建一个独属于自己的完整的小宇宙。

### 4

**人一旦开始接纳自己的软弱、无知和恐惧,也就越来越接近自己内心的原点;也只有接近了内心的原点,人才能活得真实而纯粹。** 而他看这个世界的方式,也不会再局限于某一个范围,某一个象限。

想到这一点,人生中大半的苦难,都成了修炼我们的馈赠。

## 23

## 情之所钟：和有情人，做喜欢事

### ①

和一位年逾古稀的雕刻家聊天。他说，我觉得自己还很年轻，接下来这十年，才是我创作的巅峰岁月。老头活力满满的样子，让我想起了齐白石。

齐白石是苦出身，十九岁去地主家做木匠。因为喜欢看人画画，就问主人借了套《芥子园画谱》。日日画夜夜描，二十六岁便能给人画像。觉得自己的画不够有文化，没上过一天学的他，又学着作诗。三十八岁那年，终于卖了十二幅画，得银二百五十两。那不是个小数目，按理说年近不惑，添置田地才是正事。但他打个包裹，游历四方去了。那是他第一次出远门。

五十五岁，历经五次离家又五次折归，他丢下老家产业，只身前往北京，做了个"老年北漂"。六十岁，觉得过往所学再难长进，又另辟门户重新师法吴昌硕。身边所有人都觉得他疯了，但他自己管这叫"衰年变法"。

人们都不看好他，同行嘲讽他，朋友规劝他。可他说："即饿死京华，公等勿怜，乃余或可自问快心时也。"我不在乎是否能折腾成功，折腾的过程，我已得大快乐。若饿死在北京，你们觉得我可怜，可我觉得，这才叫痛快人生。

你们要的人生成就和我追求的，不是同一个。

从十九岁到九十七岁，这个男人只做一件事，画画。所有的人生轨迹，所有的力气，都是围绕画画。在画画里，他找到自己，也成全自己。

## 2

年逾古稀的雕刻家，也是个"不安分"的人，开办过工艺品厂，倒卖过古董家具，兜兜转转，他的人生主线却一直不曾偏移雕刻。什么叫不曾偏移？人家五十来年，只有年三十和年初一不拿刀刻东西，平常再忙再累，出门出差都带着两把刻刀。别人饭后一口烟，他饭后划两刀。

生怕我不相信，他捏块木头郑重感叹：如果有人拿世间富贵，换我手上这点功夫，我绝对不换，不管什么样的财富和权势。只要还活着，我就不能没有这把刻刀。刀在，人在，功夫在，一切在。

他说得恳切真挚。我亦明白，这就叫"情之所钟，千金不换"。

**这世上，有远远超过富贵权势的东西，有值得人托付终身心甘如饴的可爱事儿。找到这件事，在不断抵达的过程中，砥砺身心，由此得智慧，得自在，是人生的高级模式**。那不是世俗的权势富贵可以比拟的。

那是人接近神的状态。庄子管这叫"技进乎道"。

### 3

但我们大部分人，并不知道自己喜欢什么，能干什么。痛苦和焦虑，也因此而起。

我真的可以做自己吗？独处的时候，都这样问过自己吧。

在一个太过整齐划一的环境中成长，人很容易丧失清晰的自我。很多人说，要学会爱自己。其实，他不知道如何爱，也没有自己。**吃点好吃的，买点奢侈品，那是折腾官能和钱包。爱自己，首先要能感知自己，感知呼吸和身体，感知细微的情绪，感知纷飞的意识**。瞬间的感知并不难，但时刻清晰、稳定的感知，就是修行了。这些话，说起来好像很玄，其实很质朴，是真正行之于途应于心的东西，是人真正迈向成年的功课。

有了清晰稳定的自我，才有可能发现自己喜欢什么，能干什么。

## 4

知道这个时代最欠缺什么吗？是个性和勇气。

陈丹青有次在说到国内民众的精神时，说：无论学者、民众还是学生，无论什么社会话题，我接触最多的情况不是质疑、反抗、叫骂，而是所有人都认了。这是最让我难过的。

什么叫认了？

心里没有定力，手上没有功夫。内心是没有依傍的迷茫和恐惧。

人只有知道自己喜欢什么，能干什么，并为此日复一日做点什么，才能真的明白，什么叫笃定自在，什么叫本自俱足。

## 5

**找到自己的情之所钟，将其凝练成手上的功夫，心头的定力，是我们对抗时间，对抗时代的不二法门。**

从心头喜欢到手头功夫，是一条漫长的征途。它是枯燥重复，它是刻意训练，它是极辛苦的抵达。但有什么办法，世间好东西都在行动中捡拾，靠想是想不出来的。

我们做喜欢的事，谈好的恋爱，都是这个道理。和伴侣的亲密关系，赖以寄身的喜欢事，都需要一日日的辛苦，身和心的摩挲，在行动中成就。

### 6

**和有情人，做喜欢事**。愿你都在抵达的路上。

*24*

## 锤炼心力：衰败处见希望，是好心力

### 1

有人问，为啥说在爱情破裂处能看见希望？

其实，哪只爱情，世间一切不都是如此吗？危中有机，跌到谷底，接下去就是一步步向上走。在一段关系里，也是这样。崭新的关系，华丽是华丽，但很浅。伤口和裂缝是向深处抵达的努力。如果此时，见裂缝就放弃，好比追高杀跌，甚是可惜。我们对一个人的了解，对一段关系的抵达，都来自一个个细微的裂痕。好的恋人和关系，就是彼此一层层蜕变，裂了一层，褪一层，再圆融一层，直到有了包浆。

在日本，有个词叫金缮，是用鸡蛋、黏土、大漆、金箔，修复破损的瓷器。

修一件破瓷，需要先把缺口粘上，再用黏土填平，一遍遍上大漆，而后贴金箔小心上色。不要小瞧这个过程，极考验耐心。大漆上一遍要晾很久，再上第二遍。在时间和耐心的加持下，破损处的裂缝，最后长成一条美丽的金边。

如果你曾花一年时间修过一个破茶杯，这个茶杯就和你有了一段新的关系。它的破损和修补，都是你的痕迹。其实，感情也一样。只是我们都太习惯于扔东西，习惯于一刀两断、马不停蹄，这种用心力和爱意浸润的人与物、人与人的关系，反而被遗忘了。

曾在意大利的美术馆看到一组金缮后的青花瓷。隔着上千年的岁月，青花瓷反倒成了陪衬，修补后的缺口美得灼目。看多了，会落下泪来。

**缺口如镜子**，映照每一个观看它的人。见缺口，即见不完整的自己；见缺口，即见各自残缺的生活。**它警示每个观看的人，从破损处见希望，学习怎么愈合，要有让缺口成金边的心力。**

扔东西总是一时痛快，修东西总是艰苦卓绝。见破损悲观是人性，于衰败见希望是心力。

## 2

都说中年人没爱情。

中年人太容易一看见问题就抽离。为了不受伤，为了快速痊愈，我们从自己身上剥离太多东西，以致人到中年，财务还没自由，感情先破产了。每开始一段新的关系，我们能付出的感情越来越稀疏寡淡。对爱情，又渴望又恐惧。很别扭。

人都有自我保护的本能。但为了让自己不要有感觉而不去感觉，是多么浪费。

今生为人，总要到老都保有爱和痛的能力。那是活着的证据。

## 3

说的是爱情和关系，其实，引申到日常，又何尝不是如此。

做投资，你若只用常人思维，肯定做不好。你要在常人思维之上，再长出一层思维，即第二层思维。大家都知道的消息，就不是有价值的消息。有价值的，是你能知道市场对这个消息的反应程度和消化程度。美股创出新高，你敢不敢持续加仓，拼的不仅是专业知识，更是胆识和心力。

很多人不停地往自己脑袋里塞各种知识，但没想到要填充心力。能危中见机，能衰败处见希望，真不是知识，是心上一股阳气。

知识是三维产物，但心力会高一维。

## 4

又一年了。愿心力盈盈。

## 25

## 活在当下：原来宇宙有个大账簿

### 1

我喜欢一个老头，他叫丰子恺。

喜欢他在艺术领域的无所不通，绘画、音乐、金石、书法、文学，更喜欢他温润又康健。

1966年5月，"文化大革命"开始。其时，丰子恺任上海中国画院院长。这样的历史背景下，多才多艺又天真纯粹，就是一种天然的罪。很快，他被各种批斗。可能连他自己也不曾料到，获大罪，是因为文章中"猫伯伯"一词。

他写："这猫名叫'猫伯伯'。在我们故乡，伯伯不一定是尊称。我们称鬼为'鬼伯伯'，称贼为'贼伯伯'。故猫也不妨称为'猫伯伯'。"江南一地，"伯伯"是寻常称呼，而大字报说，

"猫伯伯"是在影射和攻击，是在借题发挥。

这以后，丰子恺不得不每天去画院交代问题，接受批判和批斗。而他家也是屡屡被抄，书籍字画运走了，存款没了，家中小楼也被占了。更让丰先生揪心的，是连朋友、子女也被连累了。

## 2

他还得了严重的肺炎。

这样一个内外交困的境地，先生是怎样的呢？

在医院，他作《病中口占》："风风雨雨忆前尘，七十年来剩此生。满眼儿孙皆俊秀，未须寂寞养残生。"我老了病了残了，就这样吧，儿孙个个都俊秀着呢。病情有所好转，他又写："江南春色正好，窗中绿柳才黄半未匀。但遥想北国春光，也必另有好处。""我近来已惯于寂寞，回想往事，海阔天空，聊以解闷。窗前柳色青青，反映于玻璃窗中，姗姗可爱。"

每每读到这样的句子，我都会心下触动。一个人，只要修炼到这种境界，他便不会寂寞，没有恐惧。这样的人，他甚至不需要宗教，他的修养就是他的宗教。他是他自己的神。

## 3

这种温润的好，不单在文字、书画里，更在日常的一举一动里。

后人回忆他那段岁月：外头再恶劣，晚上回家，仍是神情依旧，使人什么也感觉不出。他怕家里人难受，吸烟，吸的是低档烟。仍是每天早上五时左右起身，看书、写字，从不间断。

关牛棚，他给友人写信："弟每日六时半出门办公，十二时回家午饭，下午一时半再去办公，五时半散出，路上大都步行，每日定时运动，身体倒比前健康，可以告慰故人。""弟近日全天办公，比过去忙碌。而人事纷烦，尤为劳心……但得安居养老，足矣。"

朋友张乐平回忆两人一同被批斗的岁月：他挨斗，我陪斗。斗完之后，我们同坐一辆三轮车回家，彼此谈笑自如。有次，他问我：怎样？我说：视而不见，听而不闻。我问他：怎样？他笑答：处之泰然。后来有一次，我看到他的长白胡须被剪掉了，很为他气愤，他却笑说：我变年轻了。

这样的人，人世好好坏坏，打不倒他，甚至入不了他的心。你不能用乐观形容他，乐观配不上他的好。他心里有佛，他有慈悲。

慈悲，多好的字眼，这里头有对人世深沉又疏离的爱啊。

## 4

今天在后台,收到很多留言。

有人连发几条问我:你是怎么做到完全可以接纳不同的人,不同的声音。在生活中,遇到不可理喻的人,你会生气吗?

我想,丰子恺的故事,就是我的心声。我资质愚钝,此生都不可能像丰先生那样,修得身心温润。但我会时不时想起,会时不时告诫自己,人是可以活成那个样子的。**内心的格局,越开放,越平和,越包容,是件让自己愉悦的好事。**

儒家文化里,爱说求仁得仁。关于仁的定义,从来都不是外在的,而是一个人的内在,是不是足够温暖、柔软、机敏、敦厚。

大家有不同意见,就事论事就好。无端怒不可遏,即便从中医的角度,也是一件自亏的事。喜怒忧思悲恐惊,皆伤身。

## 5

我有时会想,人这一生,到底在追求什么呢?

我们总爱说,祝你幸福,幸福又是什么呢?我想了很久,**丰子恺先生这样既出世又入世的人,是幸福的。无论何种境地,他都全情投入,珍视当下,都真心觉得,当下这一刻比任何一刻都好。他**

**的心里，装着人世间最好的真、善、美。他活得不慌张，不恐惧。**

四季更迭、花开花落，寻常之情在先生眼里，都能体察出深意。他说，宇宙间有一个大账簿，记载着世上之物的过去、现在与未来。小到一粒沙，一瓣花，皆有因果。所有的生发与消逝，悲欢与喜乐，都在这个账簿里。

他说，我的疑惑与悲哀，在面对这本大账簿时，全部消除了。

### 6

愿君温润又康健，进退皆心安。

这便是福气。

# 26

## 突破认知：眼前只有一条路的人是可怕的

### 1

说个故事。

有个叫张三的，在一大户人家做帮佣。夜来独处一室，恍惚间，见自己被鬼差抓去见阎王。阎王说抓错了，又放他回来。张三吓得不行，第二天便搬了出去。另有个用人叫郭安，见空屋空床，心想这单间不错，就搬进去住下了。还有个用人叫李禄，一向和张三有仇怨。这天晚上，李禄喝了酒拿了快刀，起了恨意来到空屋。见门没闩，趁酒兴咔嚓一刀。杀完，才知自己杀错人了。

郭安的老父亲愤恨难平，一纸诉讼告了官。李禄供认不讳。坐堂的县太爷姓陈，了解个中曲直后，这样判了案：李禄，你不是存心杀郭安。但郭安确实因你而死。郭安的父亲，再也没有儿子养老。你就给他当儿子吧。郭安的老父亲气得跳起来：我不要！不要！

不要不行！退堂！

这个故事是蒲松龄写的，记在《聊斋》里。《聊斋》整书写鬼怪，就两个故事取材于真实事件。这是其中之一。文末蒲松龄写：这事儿不奇在张三为避鬼捡了一条命，奇就奇在陈县官判案。他说，"此等明决，皆是甲榜所为，他途不能也。"这样英明的判决，只有进士出身的官才做得出。非"正途"出身的，没这个水平。不过陈县官是贡生，不算"正途"，他就赞说："何途无才！"

意思说，各行各业都有出其不意、脑洞大开的能人。

## 2

好多年前，读到这个故事，匆匆就翻了过去，觉得这是蒲松龄想仕途想到自我撕裂。这算哪门子英明判决啊。让一个伤心欲绝的老父亲，认杀人凶手做儿子。这县太爷有病。

人到中年，再读一遍。心头闪过第二念：也未必。让悲剧止步于此。

以当时的社会，晚年丧独子，老人的晚景眼见的凄凉，甚至有可能支撑不了几年。杀人不过头点地。对李禄来说，做郭家的儿子，既是惩罚，也是赎罪。对郭安的老父亲来说，既是解恨，也是保障。

这几日，又翻到这个故事。心头闪过第三念：世间事，有以牙还牙、以血还血，甚至不乏以暴制暴。**可世间事，还有一种叫曲谅。放下它，接纳它，和它达成一种和解。**

想到这，诚觉世间事，无不可接纳，无不可原谅。

### 3

讲这个故事，不是想探讨陈县官英不英明，人要不要原谅，而**是世情幽微复杂，多一个角度看世界，也就多一种活法。**

拍《一九四二》前，冯小刚很痛苦，不知道怎么拍。最后，他带着主创人员沿着逃荒路，走了两个月，采访了幸存者。也就是这些采访，让冯小刚放下很多东西。他举了个例子：通常拍电影，这么个苦戏，人在途中饿死，不自觉会去表现一种悲凉。事实上，人在那种情境下，没时间抒情、没时间悲伤。饿到奄奄一息，只有早死早超生。真实的他们，是这样一种情感。所以，人性中很多平常看不到的东西，会释放出来。要足够平视，足够开阔，才能接得住这些丰富的人性。

他说，拍这种电影，就得把脑袋上的天线全拔了。

我们每个人脑中，都有这样那样的天线。有时叫价值观，有时叫道德感，有时叫个人喜恶偏好。这是好人，那是坏人，这是爱国，那是递刀子，所有的人和事，都被简单粗暴地评判。而这样的评判，使我们变得盲目。

**看不见自己的偏执，也就看不见自己的无知。**

④

如今互联网上的断章取义，粗暴的评判和抨击，并不是这些人思想保守，也不是观念腐朽，是因为标签最好用，道德高地最易占。而理性思考、换个角度多想一想，总是要比抢占道德高地，累一点，也难一点。

累的事情，难的事情，总是少人干。

⑤

但还是要累一累，难一难啊。

脑中常年只有一个角度思考问题，眼前的路就会越走越窄，直至成为那种目光笔直，毫无余地，自认为"正直"的人。而地狱，往往藏在这样的观念里。眼前只有一条路的人，是可怕的。

# 27

## 松弛指南：最易贬值的，是内卷中的努力

### 1

后台有这样一封信。

家有初一新生，上了当地最好的学校，最好的班级。早六点起床，晚十一点还在赶作业，日程论分钟计，万事围绕学习。可学习还是非常吃力。优秀的孩子太多，他们跟着老师跑，普通小孩使出吃奶的力气追。跑和追、无尽的疲惫，成为一个死循环。

当妈的急。她说，我每天只知道机械地催促他，快点写作业。日常连和孩子说句体己话，都觉得是在浪费他的时间。很害怕这样下去，孩子和我的状态都越来越糟。不知道怎么办？她说，我知道学习成绩好不好是相对的，人要先跟自己比。但现在整个大环境如

此，大家都这么努力，你不努力，就被赶下船去。

焦虑的妈妈最后问我：教育真的是要这么累，才能够让学生学好吗？要不要给孩子换个班级？老师会不会觉得我的孩子吃不了苦？我下不来这个决心。

## 2

几句话，说给这位妈妈。

**第一句：读书有天赋。**

天赋对学习的重要性，远远多过努力。我们可以把一个原本要读二本的孩子"鸡"到一本，但"鸡"不到北大清华。会读书的孩子，从来都不是靠外界强压或刺激，而是他掌握了学习的通关密码，从中获得正反馈，正反馈则会带来学习的乐趣。

**靠乐趣驱动，能跑一生；靠压力驱动，只限于应急冲刺。**

很多人会说，我孩子就是粗心，不上心，人其实很聪明。对，会读书和人聪明不能画等号。考北大清华和会烧一桌好菜，是聪明的不同方面，有人手巧，有人嘴皮子活，有人记忆力好，各有特色，没有孰优孰劣。但粗心、不上心、注意力不集中，这些看似是学习态度，实则就是孩子不适应这套游戏规则的客观表现。你给他个游戏机，看他注意力集不集中。

做父母的，要及早看清孩子的天赋和特长。不要逼着一个能烧一桌好菜的孩子，去考个他厌恶至极的二本工商管理。毁了孩子的天赋，也毁了这独一份的亲子关系。

**第二句：承认是普通人。**

都说，人生有三重境界：承认父母是普通人，承认自己是普通人，承认孩子是普通人。可我觉得这境界还是有点高，我在第四重：穷尽一生努力，才成为一个普通人。

难道不是吗？怀胎十月怕他六个手指，两岁担心他长短腿，十二岁担心他龅牙、不长个儿……手脚齐全、身心健康，安安分分读书上学，已经是多难得的事。你们天天"鸡娃"，希望孩子成为学霸，你们自己做学霸了吗？即使家长是学霸，谁告诉你，学霸一定生学霸，学霸的风水，就不能去别家溜溜吗？

明白父母焦虑的是孩子的未来。好高中好大学好工作，普通人家没有资源，可以比拼的只有分数。但有没有想过，这分数也就在过去三十年值钱，现在和未来未必值钱。如今这社会，孩子读书早不是一个人在读，优质教育资源的竞争，背后都是父母之力，甚至是家族之力的竞争。

普通家庭，普通资质，"鸡娃"到极限，也就逼娃挪了极小一寸。这一小寸无法带来阶层跨越，也不能百分百找个好工作。一张文凭跨越一个阶层的时代，已经过去了。

与其说很多父母害怕孩子没有好未来，不如说是父母自己在恐惧被时代抛下，阶层下滑。

不要把这么多压力，全压在一个青春期的孩子身上。压力会反弹的。

**第三句：别等到生无可恋。**

我国现在是全球青少年心理健康问题的重灾区。

中国科学院心理研究所做了个国民心理健康研究，发现26.4%的中小学生有抑郁的状况。北京安定医院发表了第一个全国性的"儿童青少年精神障碍流行病学调查"，数据显示，我国儿童青少年整体精神障碍流行率为17.5%。这是什么概念？四十个人的班级，七个人有病理性抑郁。

北京大学心理健康教育与咨询中心副主任徐凯文曾公布过一组数据：在北大新入学的本科和研究生中，30.4%表示有厌学情绪，40.4%认为活着和人生没有意义。这可是北大啊，一群孩子已经爬到塔尖，却依然内心空洞，找不到自己的价值。

有朋友在一所985院校教书，她说，她看不明白这些九〇后、〇〇后孩子，什么都好，学习好、表达好、长得好、家世好，也没受过什么挫折或伤害,但你一跟他走近点就会发现,这个人生无可恋。明明有光明的未来,却活在强烈的孤独和无意义感里。男生女生都这样。

她说,有时会觉得教出了一群空心人。

成了空心人,就晚了。

抑郁症,还有药物可以干预一下;宅、丧、迷茫、社交恐惧、爱无能、无意义感,这些是无药可医的。

**第四句:学会停下来**。

内卷的教育已失去教育的本意。

教育首先是启蒙人心,涵养性情。但现在的教育,反而把人的自我和情感搞没了。同学不再是同学,而是竞争对手。提高一分,打败一千。一个幼儿园起就处在激烈竞争中的人,你让他怎么找到发自内心的情感和价值感?

青年人空心化,是因为社会空心化,父母空心化。

网上有句话:"这些年来贬值最多的不是货币,而是你的努力。"我觉得这个努力得加个前缀,"内卷中的努力"。努力是好的,内卷是糟糕的。如果这个内卷的游戏,你已经看清它背后的规则和本意,看清它是扭曲的,那你就要有勇气按下暂停键。要么不玩了,要么想出一套自己的玩法。

去体验吧，体验那种心尖尖上淌蜜的感觉。
你想起他，就会笑。

第五辑

爱与被爱,都是渡人成长

## 28

## 摆脱厌女:这才是"三八节"应该宣告的东西

今天是"三八"国际劳动妇女节。

对,是劳动妇女节,不是仙女节,不是女神节,是巧手一双能读书也能干活,有聪慧也很勇敢的劳动妇女节。但整个社会,似乎体会不到"劳动妇女"这个定位,有多珍贵。

其实,大家并不知道,什么是对女性真正的尊重和关爱。

繁星点点,皓月昭昭;至臻仙女,奇艺闪耀。

律例典章与卿读,星辰大海与卿赴。祝法博20女神们节日快乐!

光刻机再精密,也刻不出你们的盛世容颜。

……

这是今天清华校园里的横幅(摘自清华大学官方微博)。这些横幅说明一个问题，那就是中国男人到了〇〇后这代，在男女平权，以及身为一个男人要如何看待女性、如何尊重女性这件事上，还是没有太大进步。

很多男人会说，都已经把女人捧成"女神"了，还要怎样，真想上天啊？也有男人说，看到这样的横幅，真想一把火烧了，简直给男人丢脸。说这些话的，都是一辈子永远没法和女人相亲相爱、共同成长的男人。

横幅贴出来后，很多姑娘在微博下方评论，说"好浪漫"啊。

年轻的姑娘们，"小仙女""小乖乖""你是独一无二的存在"，这些都只是喷薄的荷尔蒙，不是浪漫本身，也不是人间值得。真正的喜欢和爱，建立在尊重的基础上。这些横幅里，读不到真正的尊重和在意。

真正的尊重是什么呢？是把横幅改成：

呼吁男女享受同等教育权，反对专业录取性别歧视；

呼吁全社会男女同工同酬，抵制职场歧视女性，尤其是育龄女性；

坚决拥护女性单身自由、结婚自由，反对离婚冷静期；

坚决抵制家庭暴力，呼吁社会关注弱势女性；

女性应该拥有同等的继承权；

> 支持农村宅基地男女平分，禁止女性不分或少分宅基地；
> 关注农村堕女胎现象，关注农村青春期女童健康；
> 坚决抵制商家广告恶意消费女性，不尊重女性；
> 强烈谴责职场性骚扰，呼吁完善相关法律法规；
> 猥亵、强奸幼女，应判重刑。

这才是尊重，这才是"三八节"应该向全社会宣告的东西。

反对性别歧视、抵制家庭暴力和性骚扰，这些社会议题，女性上街举牌抗议，和男人拉横幅站出来，效果和威力是不一样的。女同胞们有多希望男人们能站出来振臂一呼，知道吗？但有吗？即便是在"三八节"这天，女性的正当权益，也没有被完全看见。

尊重女性，是个身心合一高难度的技术活。

首先，它需要一个男人懂得换位思考，懂得共情。真诚平等地感受另一个性别。体会被称为"女人"的这个群体，她们从小到大需要经历多少不公、多少艰辛，要付出多大的努力，才可以和男人一样，才可以和男人平等对话。

其次，它需要一个男人进行自我祛魅。有些男人有迷之自信，觉得他喜欢一个女人、娶了这个女人，就是对她的莫大恩宠，无上礼赞。他觉得女人一辈子没事干，就是等着被男人喜欢。

最后，它要求男性自我排查，有没有"厌女"综合征。问问自己：是不是不把女性当成完整的人，有没有将女性物化；是不是本能地将女性置于和自己不对等的关系里；是不是一直在享受女性的付出和牺牲，却不知道反思。对，"厌女"不是憎恨女性那么简单，只肯接受女性的付出，却无视她们权益，这也是"厌女"。很多人病入膏肓。

最后想说，从女神节到小甜甜，都在反映"强弱文化"和"强弱思维"。不能真正尊重女性的男性，缺乏真正的阳刚，也不可能是真正的强者。弱者思维只能产出弱者，所以只能看到傻白甜，而强者思维认为女性是可以并肩作战的女战士。

**无论男人还是女人，我们都应选择那个让你强大的人**。如果你曾遇到这样的人，你就会懂，原来和他在一起的每一个瞬间，都是人间四月天。此生值得。

春雨润如酥。祝好。

# 29

## 恋爱姿态：两个独立的灵魂，抱团取暖

### 1

《射雕英雄传》里有这么一段：

华筝在那厢楚楚可怜，拖雷便逼郭靖：你可是有婚约的。郭靖转身看了黄蓉一眼，昂然道：郭靖非无信无义之人。

黄老邪一听此言，长眉一竖，对华筝下了杀手。知父莫若女，黄蓉出手救下了华筝。看着这几个年轻人，这个一生狷介、情痴至狂的老头，仰天长吟：且夫天地为炉兮，造化为工；阴阳为炭兮，万物为铜。听此言，黄蓉簌簌落下泪来。郭靖怔怔不明。

当初年纪小，看到这样的句子，总匆匆掠过。人到中年才明白，黄老邪的喟叹，字字如钉。他说，人生海海，情欲沉浮，一场煎熬啊。年轻人，你们还不懂。待到懂了，却也是万火焚烧，为炭

为灰后的明了啊。

可是有什么办法，谈恋爱这事，没有道理可讲。为炭为灰，也要谈。

## 2

小时候看武侠，总也想不明白，聪敏灵气如黄蓉，怎么就选个傻郭靖。看上他什么呀，又笨又傻，一点不解风情。哪怕嫁"渔樵耕读"中的朱子柳，也比跟这傻小子强。如今，却是懂了。聪慧如黄蓉，她已经啥都不缺了。她求的是一个男人全身心的赤诚，她要的是一份踏踏实实的安全感。而这些，郭靖刚好能给，还给得毫无保留。

金庸写尽男女之情。论一个女人如何爱一个男人，我最喜欢看的，还是黄蓉爱郭靖，赵敏爱张无忌。尤其是赵敏爱张无忌，特别动人。周芷若爱张无忌，是不断质疑；小昭爱张无忌，是感恩报恩；蛛儿爱张无忌，是歇斯底里求不得。唯有赵敏，她爱他是个"小淫贼""糊涂虫"。赵敏谈恋爱的样子，就是一个有独立意识的姑娘家最好的样子。她爱的张无忌，没有身份，没有名头，只是一个偷看她洗脚的顽劣少年郎。

**一种青春的娇俏，爱上另一种青春的活泼。这里有恋爱最初的**

样子，好看又动人，平等又自然。

## 3

二十世纪八十年代，琼瑶告诉大陆女性，爱情至高无上，有情饮水饱。而到了二十一世纪初，亦舒又告诉我们，城市里的女孩儿要谈恋爱，得先有块面包。再后来，就是"宁可坐宝马车里哭"、王石的红烧肉，电视里的《甄嬛传》了。

时代的风，一路变方向。但说到底，背后的情感需求并没有变过。无论男女，谁都比以往任何一个时代，更需要亲密关系。这是个好时代，它让大部分女性都受到良好的教育，做到了经济独立。只是在物质有了保障之后，更重要的恐怕是精神独立。但精神独立，往往比经济独立要难得多，路途也长得多。

当下互联网上，在谈及女性精神独立、亲密关系这些话题时，总会一边倒地出现两个极端，要么足够慕强，要么足够轻视。简单点说，要么找一个对我有用、能给我资源的，要么找一个我能掌控、为我提供足够情绪价值的。

说实话，在我眼里，这都不是什么好看的恋爱姿态。

人活一世，非草木。"情不知所起，一往而情深"，可以心无旁骛地爱人及物，是件很美妙的事。谈恋爱这事，不能有太多利益的考量。它更多的，应该是一个灵魂触摸到另一个灵魂。而不是权力争夺，或者资源置换。

我总觉得，当男人爱女人，不再是驯养；当女人爱男人，不再是利用——爱情，应该会更好看吧。愿所有女性都能像赵敏那样去谈恋爱。不稀罕有男人来成就自己，不稀罕单方面的被爱，不稀罕驯养式的宠溺。只求两个人格独立的灵魂，抱团取暖。

永远清醒、自制、骄傲。

30

## 坦荡爱人：爱是一种本事，需要练习

①

谈恋爱过日子，我喜欢台湾三对名人夫妻：朱德庸和冯曼伦，姚仁喜和任祥，李安和林惠嘉。

朱德庸是漫画家，姚仁喜是建筑师，李安是导演，都是一等一的大才子。他们的夫人，也都是各自领域里的能人。按理说，才子才女脾气差，谈恋爱难长久，过日子也难以迁就彼此。但他们并没有。

我们来聊聊朱德庸和冯曼伦。

②

画漫画的朱德庸，有位很特别的夫人，两人形影不离。朱德庸去参加任何活动，接受任何访谈，必得带着夫人。否则，他会紧张得说不出一句话。夫人包揽朱德庸画画以外的事，是他的全能经纪人兼助理。这么一位能干的夫人，参加节目，并不见她侃侃而谈，也极少出现在镜头前。她只是一旁静静陪坐，一声不响。

依稀记得看过一期访谈，主持人问朱德庸，当初谁追的谁，朱德庸用眼角瞥瞥太太，她笑笑，没有提示。朱德庸没办法，硬着头皮答：是我追的她。

初见面，他二十八，她三十四。一个是正当红的漫画家，一个是大杂志社的编辑。只看个侧脸，朱德庸就爱上了。他说自己从小内向自闭，任何两人以上的场合，都觉得紧张不自在，唯见了她，觉得亲，也觉得好看。

借着探讨漫画版面，他天天去找她。她个性强，说谈恋爱可以，但不想嫁给比自己小的男生。他一听急了：结吧，将来有钱一定帮你拉皮。

热恋一周，两人去公证结婚。领证前一晚，才想起公证处要交换戒指。大晚上，两人手拉手满街找戒指。大型银楼都打烊了，只有一家很小的还开着，最贵的K金戒指三百元。

她说，也太便宜了吧？

嗯，那就买两个给你。

## 3

朱德庸说，太太就像是我的拳击教练，永远会把我调到最好的状态，所以她是最细心关注我成长的人。为啥这么说呢？

有段时间，朱德庸想去做个飞机驾驶员，他去学，太太只说了句：岛上的飞机驾驶员很多，漫画家只有你一个。他有泛自闭症，见了生人就紧张，太太说：没事，我会一直在旁边。他有轻微的阅读和识字障碍，太太说：没事，新加坡的李光耀、好莱坞的汤姆·克鲁斯也有这问题。

婚后，朱德庸在台湾《中国时报》工作。每天上班一个小时，待遇也很好。但他不快乐，觉得自己像个"企鹅"。有天下班，他说自己想辞职。太太"哦"了一声，说：那好，我陪你一起辞。

几年后，朱德庸迎来事业高峰，作品卖座叫好的同时，也让画画成了苦差事。又是太太站出来说：出版停下来，专栏减到两家，出国去玩吧。"即使画得比几年前还好，若你体会不到快乐，人生也没意义了。"

朱德庸说，今日一切，全因夫人。

## 4

婚后几年，太太问朱德庸：想不想要小孩？他答：我想一想。太太把这"想一想"解读成"不排斥"。孩子从医院抱回家后，朱德庸在墙角蹲了整整三天。太太走过去，叹了口气，说：没关系，这小孩我来养就好了。

小孩三四岁，父子俩整天打成一团。他老是抢小孩的玩具，把东西弄坏。小孩打他一巴掌，他也回打一巴掌。小孩哭着找妈妈，妈妈说：爸爸看起来大大的，其实内心住了一个比你还小的小孩，你让让他就好了。

亲戚、朋友都同情朱太太。尤其岳父岳母，觉得女儿鲜花插在牛粪上。结果女儿说：还行，现在这样的牛粪也不多了。

结婚三十年，两人天天腻在一起，每天有说不完的话，出门走路都要手牵手。太太不在身边，朱德庸就会退缩到一个人时的自闭状态，不大说话。他解释：因为少了一半。

朱德庸的太太，叫冯曼伦。一个很纤细、很温柔的女人，在跟朱德庸结婚前，供职于台湾的《联合报》，做版面主编，且做得风生水起。婚后辞了职，负责朱德庸画画之外的事情，并且从零开始，把朱德庸的作品从台湾地区推向大陆地区，直推到了地铁、天桥的书摊上。

记者问冯曼伦：你放弃了自己的事业，经营了先生，心里会不会有遗憾？

答：会。但让先生成功，也是我非常想做的事业。

## 5

在我们的意识里，总是男人保护女人。其实，放到恋爱和婚姻中，女性的力量和智慧，才是一个家的"魂"。它很重要。

朱德庸和冯曼伦，用三十年的现实婚姻告诉我们，**婚姻中的男女关系是没有定式的。你们两个人的个性是怎样的，就照着那个个性来。相处的方式万万千，能让爱流动起来，才是真正要去追求的。**

影视剧、娱乐新闻，社会习俗、父母经验，很多时候我们在无形中被灌输的东西，其实是错的。男人爱女人，不该是征服和驯养；女人爱男人，也不该是管束和纠缠。好的关系，总是互相依存，互有滋养。男人女人，大家都要做世间有情人。

有清晰的自我，也坦荡地爱人。心肠是热的，给得起细水长流的爱。

## 6

我们拼尽全力，学习世间本事，其实都是为了去完成"我爱你"。

**"我爱你"很重要，人不因自恋而强大，是爱人和利他。** 一个人，只有心里装下了另一个人，才会真的成长。心里横着竖着，都躺过一个人，心就有柔情，也更安定。时运不济，也能在光阴里寻出好来。

爱是一种本事，需要天赋，更需要练习。

*31*

## 坦然被爱：唯有爱，浸润人性的好

在知识星球里，有女读者问我：李老师，您是一直活得这么通透又洒脱吗？还是也挣扎和焦虑过？方便说说您的原生家庭吗？或者，能不能说说，那些长久地留在你记忆里，并滋养你的事情。

这世上，有谁能一直活得通透又洒脱呢？
就算是人群中少有的慧心慧根之人，也是要一路挣扎、破碎，塌了又建，才能磨一点点灵魂的包浆。我这种别扭的俗人，更是塌得比人彻底，建得比人艰难。一身的精神疤痕，疙疙瘩瘩。
通透洒脱，我着实不配。

我是个晚熟的人。别人十八岁成年，我三十八岁还懵懵懂懂。在现实世界与梦想世界之间，给自己隔了一个三尺见方的暗间。没事，就躲在自己的小世界里。所以，我是个不接地气的人。直到如今都是。

这种不接地气，带来很多不便。但也带来一个好处，那就是我因此有了一种离地1.5厘米的本事。我有了常人少有的观察世界、体悟生命的细腻，说得好听一点，也可以说诗意。你说的通透，就来自这份细腻；而你说的洒脱，便是来自这份诗意。

如果说，年过四十的我活出了一点点包浆，完全靠一颗心在岁月的石磨上，一圈一圈地研磨。一层血肉模糊，换一层薄薄的皮痂。再磨，再破，再结厚一点的痂。

脱落丑陋的痂，新生一点点粉红的皮肉。

我不知道别人是如何成长的，**我的成长，都是肉身抵石磨，磨出一点人性的好。**

你问我有什么长久留在记忆里的事，那可能是我谈过的恋爱。

我这人考试运不行，经常干差一分两分的事。但我恋爱运还行，爱一个是一个。爱的人不多，但浓度和纯度都很高。结局也都不太好，分手分得老死不相往来。但相爱时，是真美好。是全身心的信赖与托付，是心有灵犀，情投意合，是两块破玉珏凑成一个满月圆。

这满月圆的恋爱，给了我爱的滋养，心智的启蒙。填补了我生命里一个一个的黑洞，也修补了我身上一块一块的破缺。

很奇怪，这样的问题，你要两年前问我，我绝不会答得这么披肝沥胆，坦荡无遮。那时，我的自我审视和评判，还不曾学会什么叫放下与和解。但今天的我，只有坦然。这大概也是恋爱在我身上浸润出的一层包浆。

我很感激我谈过的恋爱。这世上再没有一种关系如恋爱，把自己磨破了，血肉模糊交给对方，求求你收容，求求你怜爱，求求你珍惜。

恋爱不是求世俗的快乐，恋爱是两个赤子，交换磨破发红的自我。心磨心，身磨身，破皮挨着破皮，血肉灵互换。

**我一直认为，每个人，无论男女，人性中的好，都是被爱浸润出来的。**

**有时是亲子之爱，有时是男女之爱，有时是友人之爱。**

**唯有爱，才激发人性之好。**

而我很明白，我身上有一部分好，是被男人爱出来的。

就因为被好好爱过，我才有今天的和解与放下，坦然与豁达。

每每想起这一点，我都觉人生无憾。这辈子值。

愿你也被良人深爱。

*32*

## 平等相爱：好的爱情，贵在棋逢对手

### ① 

一早，我在厨房挥汗如雨，手机滴一声响。

闺密扔来一链接，打开一看：歌手李健和他老婆小贝壳的婚姻故事。里头有一句：才子佳人，有诗有酒；举案齐眉，亦妻亦友。隔着手机，我和闺密互相给对方敲黑板：有诗有酒，亦妻亦友！敲完，又捧着手机笑。笑这好天气，笑心有灵犀，笑一把年纪还为这样的故事，心有戚戚。

### ②

李健和他老婆确实挺恩爱的，娱乐圈难得的一股清流。

两人青梅竹马，婚后丁克，情深意浓。这情深意浓，是人民群众肉眼可见的，超越语言和肢体的表达。在他老婆的微博中，那种发自肺腑的情感流露，作不来假。

闺密扔我的这个链接，题目是《她让"零绯闻男神"死心塌地三十年：好的婚姻让人如虎添翼》，阅读量巨。

说真的，这样一份现实版的《浮生六记》，配这么一标题，就变地摊"知音体"了。能经营这样一份感情的丁小蓓（李健老婆真名），她要的就不是一个男人对她死心塌地，还三十年，三百年也不稀罕。她要的是这个男人，值得她爱，值得她陪伴。她稀罕的是这样一份平等、互动、温暖的感情，如棋逢对手。

**比起你爱我奋不顾身，不如你有本事让我爱你**。说那么多女人要独立自主，要强大，在面对自己的感情时，怎就突然那么被动，那么卑微，从身体到心灵，都要等男人来认领。

## 3

我们的文化中，太过强调女人对男人的归属感。即使到现代社会，我们还把到一定年龄尚未婚配的女人，叫作剩女。从小到大，几乎所有潜移默化的教育，都在教导女孩子，你得有个男人。你要不惜一切嫁得好，守住他。如果你能让他对你忠贞不渝死心塌地，那你就是女人中的人生赢家，亲戚邻居中的偶像。

上一代、上上代的女人死守这条，尚情有可原。可好几十年过去了，怎么还有那么多年轻女孩，把如何拴住一个男人，并成功嫁给他，以长长的一生钳制他，当成人生第一要紧事？我想不明白。

就像我想不明白，写李健爱情故事的这篇热文，为何一定要落脚在他死心塌地三十年，好像一个男人忠贞地爱一个女人，对这个女人是天大的恩赐。被爱的这个女人就是要感恩戴德。李健爱他老婆，他老婆也爱他呀。

我们太过于宣扬一个女人被爱是多么荣耀，但我们很少去强调一个男人是否被爱过。

这事，真的得倒过来一下：一个男人被一个成熟的女人爱过，是件有益于他身心发育的事，是他这辈子最大的荣耀。所以李健在他人生第一场全国演唱会上说：**好的婚姻让人如虎添翼**，我现在就是一只飞虎。

### 4

《诗经》中有一句，我很喜欢：宴尔新婚，如兄如弟。

这是两千多年前，我们的祖先吟唱的情诗。说新婚宴尔的小夫妻啊，如兄如弟般亲密厚爱。不是东风压西风，没有欲擒故纵，只有举案齐眉，有酒有诗。

33

## 男欢女爱：我们都需要补一堂性爱心理课

### 1

吴亦凡事件的瓜越吃越大。从桃色社会新闻，吃成了黑色刑事案件。

仅从性的角度，说几句感想。

### 2

这几天，无论是致谭女士曝光微博大V、武汉大学教授周玄毅睡多个女粉，还是大学生都美竹爆料男明星吴亦凡"粉丝选妃""诱奸迷奸"，无一例外的，都在爆料文中，极力贬低了对方的性能力。致谭女士爆料周玄毅嗑药，都美竹则说吴亦凡时间短。

说实话，看到这些，并不觉得这是新一代女性性意识觉醒，独立意识觉醒。一个想物化男人的女人，潜意识里肯定在更深刻地物化她自己。

比如致谭女士，她和周玄毅是你情我愿的情感纠葛，当初是好过的。如今再有不痛快，你爆料他任何道德上、法律上、业务上的事，都可以。但爆料性能力有问题，不应该。

很多女人会疑问，那吴亦凡这样的"垃圾"也不行吗？不行。说他迷奸、哄骗、找未成年人，就狠狠实锤他这些，怎么锤都不过分。直到把他锤进监狱，锤回加拿大。但完全没必要提性能力不行。**即便是一个已经被定罪的犯人，我们会审判他，枪毙他，但不会在他临死之前，羞辱他。这是基本常识。**

男女之间，无论分手、离婚，哪怕爆料举证，有事说事，提及性器官，进行性羞辱，都大失成年人的体面。尤其那些你情我愿，曾经好过的，更加要"做人留一线"。

滚床单，也得有床德。不要逞一时的口舌之快。

### 3

中国男人的性商，普遍都不高。

从周玄毅、吴亦凡和这些爆料女生的私信聊天记录看，即使聪明如周玄毅，床品也和吴亦凡没啥区别。按理说，这些人要钱有钱，要名有名，自我成就感、自信心应该爆棚了。但细看一下，其实不然。脱了衣服上了床，扒下那些虚荣的光环，纯粹以一个男人的身份，面对一个女人时，他们个个都羸弱不堪、自卑怯懦。比如每次性行为后，都会问对方自己表现如何。问女人这种问题，到底想女人怎么答。难道只有从这方面才找到作为一个男人的自信吗？

在绝大多数中国男人的心里，自己身为一个男人的魅力和价值，一看有没有钱，二看性能力强不强。很多男人从来没想过，自己并不是"赚钱工具+床伴"的组合，自己是有情有义，有血有肉，丰富多彩的人。

这就是灵魂深处的不自信。

## 4

有时觉得，平等性意识没觉醒的男人，挺可怜的。

记得曾经有个中年网红男博主写了条微博，说：作为一个有点阅历、有点经济基础的老男人，除非是不想，否则真心没啥泡不上的普通漂亮妞儿，或者说睡上也行。

一个男人得多自卑多可怜，他才会用"泡"或"睡"来形容两性关系；得是多大的挫败感，才拿"睡"过几具肉身来吹嘘。他一定没被女人真心爱过。

很多男人终其一生挣钱挣身份，最高理想，也只是想当个高级嫖客。

钱挣了，身份有了，人格和情操还跪在地上，情感世界还一片荒芜。

## 5

**这世上，有温暖、平等的两性关系。**

**它不是买与卖，不存在征服与被征服，取悦与被取悦，它是一个肉身触摸另一个肉身，一颗心摇曳另一颗心，一个灵魂安慰另一个灵魂啊。**

世上有这样美好的性爱，这样平等温暖的关系。

可惜，很多男人不知道，也不信。他们就像一个贪吃的人，从来没吃过美食，只知道不停地叫外卖，以为外卖吃多了，就享受了米其林盛宴。

外卖吃得越多，内心越匮乏。

## 6

最后想说，想拥有正常一点的男女关系，男人女人都需要补一堂性爱心理课。

## 34

## 认清差异：为何男人更薄情？

### ① 

后台有姑娘问，前有许国利杀妻碎尸，后有林生斌薄凉算计，再看看现实中，男人丧偶离婚失恋，都比女人更容易、更迅速地开始新生活。即便是恋爱中，也是男人更容易移情别恋，移情后更决绝。

退一万步，蝇营狗苟白头到老了，你看看医院里，老头生病了，老太都是忙前忙后，但老太生病了，身边多是子女、姐妹、保姆。临了临了，要是还剩点钱，丧偶的老头多半要再娶，但丧偶的老太多半会独身。

是不是男人真的更薄情些？

## 2

想起年轻时读《浮生六记》。

《浮生六记》是清朝人沈复写的，写他和妻子芸娘的"闺房之乐、日常之趣"。那是清朝，一个男人花几年时间，事无巨细地记录夫妻二人如何打情骂俏、栽花煮粥，如何沧浪观月、太湖听涛，又如何在大冬天，腻歪在床头，一起看《西厢》，如何让妻子女扮男装，携手瞎逛。

我们过的是一地鸡毛，他俩过的是心怡如诗。这一日三餐，晨钟暮鼓中的点点滴滴，被沈复形容为"耳鬓厮磨，亲同形影，爱恋之情不可以言语形容"，是"人间之乐，无过于此"。亲不够，爱不够，沈复还刻了两方图章：愿生生世世为夫妇。

情深不寿。四十一岁，芸娘就因病早逝。死时交代后事：夫君啊，我走后，你再找个人，帮孩子们成家。沈复怎么答呢？"卿果中道相舍，断无再续之理，况'曾经沧海难为水，除却巫山不是云'耳。"娘子啊，这辈子只认你，不可能再找了。

事实呢？没有了芸娘帮他打算，他生活拮据，颠沛流离了两年。但刚刚在山东巡按府上落下脚来，就心痒痒了，他想要女人。巡按赏了个小妾，他喜不自禁，写下："赠余一妾，重入春梦。从此扰扰攘攘，又不知梦醒何时耳。"女人真好，年轻的女人更好。

那是男人不愿醒的春梦啊。

年轻时读到这里,气不打一处来,觉得这沈复骨子里到底还是薄凉。芸娘让你续弦,你说这辈子就你了。可刚够吃饱饭,你转身就抱着新人入春梦了。你抱也行,用得着这么喜不自禁吗?还春梦不愿醒,什么东西!你忘了芸娘是怎么病死的吗?是你羡慕别人有小妾,而芸娘一心要满足你的心愿啊。若不是为了给你找一房"一泓秋水照人寒"的小妾,芸娘就不会病,更不会因此丧命。怎么翻篇跟翻书一样?

到现在这个年纪,看到这样的段落,只会轻叹,不会生气了。

因为这是世情,也是人性。身为女人,要看得懂。

世情有冷暖,人性有善恶,男人有优劣。去争取,去接近,去获取你能得到的暖和善,优和良。接纳你改变不了的劣根性,无论是时代的劣根性,还是男人的劣根性。

### 3

世间人,世间情,总比我们想得幽深、复杂。

没有谁,百分之百纯洁地活着。也没有谁的感情生活,经得起审视和推敲。即使是情投意合、真心相爱的人,一旦走进婚姻,再恩爱也有龃龉和不堪。**所谓成年,就是要容得下生活和人性里的一**

**点点脏**。

芸娘是生活在清朝，她要是生活在当下呢？以她的气韵、才华，当她的世界不再只有沈复，她会不会也心猿意马另有所爱？不知道。我只知道，人性大抵相通，就看诱惑够不够大。

但身为女子，也确实要明白，在感情上，在身体上，男人就是要更动物性、更原始，甚至可以说，更不懂爱，更自私一些。男读者不要生气，这不针对任何人，只是生物性差别。

男女基因本能就不一样。

### 4

世俗普遍认为，女人更渴望感情，更依赖亲密关系，更黏人。真用心观察一下，就会发现，其实是男人更离不开亲密关系，离不开家庭，离不开女人，甚至离不开情感。

只是男人普遍有情感表达障碍，他们不会表达，耻于表达。同时，男人爱人的能力，确实普遍要差一点。这里有生物性，也有后天社会性。

从内心来说，男人其实普遍比女人更脆弱，但外在明显更强壮。而社会教育、自我暗示，也都是男儿有泪不轻弹。这就导致，在与自我的相处，在情感上，男人会更别扭，搞不清楚自己的状况。需要情感，以为是需要新鲜的肉身；需要依靠和倾诉，还以为需要新鲜的肉身。

到最后，所有的内心问题，只剩性这一味药。

## 5

世上有渣男，就必有渣女。于复杂的人下简单的标签，并因此制造性别对立和封闭，是愚蠢事。

老觉得男人薄情，不开心的是女人自己。同理，厌女的男人都是蠢人。聪明的男女，晚上互相慰藉，白天互相学习，共修雌雄同体。

承认感情和人性很复杂，承认男女不一样，学会识人辨人，洞悉人性，会让自己的情感生活更坦然，也更潇洒一点。

不要去追求违反人性的东西。

## 35

## 婚或不婚：我们还需要男人吗？

一封读者来信：

李老师您好，我在成都，今年三十三岁，单身。外貌、身高、学历、工作、收入，都还过得去，但找不到合适的另一半。圈子小应该是单身最大的原因。

一方面，我渴望婚姻，渴望小孩。我渴望拥有属于自己的小家。因为，原生家庭不算幸福。另一方面，单身久了，很享受一个人的生活，一个人骑车旅行跑步，哪怕是看树看花，都觉得非常美好且难得。

这几年，身边越来越多的朋友选择离异、丁克、不婚。我给自己预设了一个最坏的结果：这辈子，不结婚没小孩。也不知道，这样想，是好还是不好。单身会有人生遗憾吗？

李老师，您身边有没有过得非常清醒，且极少焦虑的单身女性，她们的人生规划是怎么样的呢？我在三十岁之后逐渐明白，自己就是一个普通人，起跑线就比别人落后很多，人生折腾不出啥动静。目前一年三十五万的收入，也离我要的理想生活还差很远。我的理想生活是财务自由，周游世界。所以也在努力平衡自己的心态，这算不算是给自己找逃避的借口？

我总是时不时精神内耗，没有清晰的方向感。想请问李老师，对于三十三岁的我，您有什么看法或建议？

## 1

长得好看身材好，学历高收入高工作好，年龄三十三，确实不好找。不是成都不好找，是全国都不好找。不好找，也不是因为圈子小，是和你匹配的男性，太少了。偶尔遇到几个，人家要不已经结婚，要不有女朋友，要不四海潇洒不婚党。

这是当下的婚恋现实。

为什么婚恋市场里，优质男性人数这么少？其实也不是好男人少。是这二十年，女性因为教育和就业机会均等，成长得太快了。从中考、高考到考公务员，都是女生比男生会考。而职场，更是如此。女人比以往更会挣钱，也更爱挣钱了。在这二十年中，各行各业都涌现出了一批有知识有技术又爱学习的职业女性。

男性也在成长，但完全比不上女性的速度，以及结构性的变化。女性的成长，是整体性的成长。从数量到质量，规模和速度都惊人。而在精神层面，大部分的优质男性，基本还停留在上一代男性对女性的理解。

速度、规模、意识形态，三者都有落差，注定了成长起来的女性，很难找到心仪的对象。

## 2

其实，你想问我，要不要将就着，结个婚生个孩子。你不知道继续单身，今后的人生要如何规划，单身的后遗症有哪些。

现在市面上的女性主义博主，基本都把不婚不育，男人皆祸害挂在嘴边。说得最多的就是：姐妹们，搞钱。说真的，我看着觉得挺害人的。不是说，我赞成女人一定要结婚。恰恰相反，我觉得，结不结婚都是个人选择，没有优劣高低。谁适合婚姻，谁结；谁需要家庭，谁结。

我觉得害人，是因为现在很多年轻的女性，在婚恋问题和男女关系上，把自己拉到非此即彼，非黑即白的境地。女孩们很希望自己能像个男人一样，处理这些情感问题，但处理起来，基本大都是变形的。

男人女人，先天的基因属性就不一样。对婚姻家庭、情感两性，完全是不同的需求。女性天生对情感、家庭、安全感和稳定性的需求，就比男人要高很多很多。

我们可以学习男人，但是我们成不了男人。

**真正的女性主义是什么呢？有完整独立的自我，自由自在，有主动权，不依附，不慕强**。想恋爱，就主动恋爱。想结婚就随心结，不合适也离得起。爱男人，欣赏男人的优点，也清楚男人的先天缺陷。知道怎么跟男性相处、相爱。审视男性，偶尔也批判男性，但不憎厌男人。男人是用来爱的，睡的，携手看花看夕阳的。他聪明时可以微微仰望，像观察小动物一样观察他。确切地说，男人是用来揣摩的，学习的，并超越的。

**男人，是生活的一部分。你要学会和这个物种共存。不管有没有婚姻。**

如果说，七〇后、八〇后一代女性，要明白这些，需要痛苦的自我觉醒和社会推动，那么九〇后、〇〇后一代，应该是可以直接捡现成的用。毕竟，两代女性用自己的生命、觉知、人生阅历，已经摸索出一些心路历程。这种成长和醒来，正在被整个时代看见。

无论你结不结，生不生，都不要内耗。

### 3

你问我身边有没有清醒且少焦虑的单身女性。

太多了。有为了尽快离婚，选择带孩子净身出户的工薪妈妈；有五十多岁离婚后二次创业带飞一群年轻人的；还有离婚后仅带十五万积蓄和年幼的儿子，去他乡创业并成为亿万富婆的；还有三十岁离婚后一直未婚，如今五十七岁，跟小自己十几岁的国标舞老师谈恋爱的。

不要马上给这几句话，这几个关键词，给她们下标签。每一句话背后，都有一个女人的彻夜痛哭。她们今日人前的那一点点潇洒精彩，都是用常人不可知的剧烈疼痛换来的。

在两性关系里成长，在婚姻的破碎里成长，从来是一个女人最痛的部分。

### 4

你说，单身会没有遗憾吗？

肯定会有的。不仅仅是遗憾，有一部分堪称缺陷。人的进步，自我觉醒和成长，很重要一个环节，就是要去经历亲密关系和生育的过程。你是否经历过，人生质感是不一样的。

你想单身，就要承担这些缺憾。甚至，你要像周海媚那样，财富自由、精神自由，但孤独终老。

美貌如她，财富如她，都要接受这个独身的代价。你我这样普通的女人，更是如此。

**任何选择，都有代价**。

## 5

总结一下：不要自我设限。

要清楚自己需要什么。真想结婚，上网征婚啊。真想恋爱，大胆出击。当你开始行动，你会发现，可爱的男人，不少的。有些或许看上去很普通，不是什么精英，履历鲜有光彩，但是他们有聪明、有温情，也够真诚，甚至真到有笨拙。日常里，能掏心掏肺对你好。

去爱这样的可爱之人吧。**人选人，人爱人，不应只看学历身高工作收入，还应该看看一个人灵魂的质地**。

去体验吧，体验那种心尖尖上淌蜜的感觉。一个温情笨拙的傻男人，就那么站在你的心尖尖上，一颤一颤，你想起他，就会笑。

愿你时不时有这种感觉。

让一个疲惫中年人扛住生活锤击的,
往往不是所谓的百炼成钢的理性和勇气,是刹那惜物爱人的柔情。

纳藏于心中的美，对美丰厚的感知力，
它支撑一个人在任何处境都自得其乐、自成天地。

第六辑

让人成长的,是心肠变软

36

## 拥有柔情：让桂花在树上多待几日

### 1

牵着孩子的手，从医院出来，城市已渐起暮色。

没有回家，散步去了湖边。湖岸有桂花树，矮矮紧紧，花开正妍。

在桂花树下呆站了一会儿。

香气沾发沁肤，入了五脏六腑。牵一缕，引来肉身沙沙响，层层褪，点点分崩离析。再一看，分崩离析的不是肉体，是撑了很久的情绪。

孩子在不远处喊我：快来看，摘了好多桂花。他使劲够着花枝，花枝重重弯曲，做出即将要弹射的样子。但他又轻轻将花枝松开了，小心翼翼。

走过去，摸摸他的头。孩子冲我一笑：本想拿花枝弹你，给你来一场桂花雨。想想还是算了，让桂花在树上多待几日。

也待不了几天了，明后两天都下雨。

孩子细数着衣兜里的桂花，说：下雨就让它下呗。反正我把桂花还给树了。

亲爱的小孩，愿你到了和我一样的年纪，仍有"让桂花在树上多待几日"的柔情。**让一个疲惫的中年人扛住生活锤击的，往往不是所谓的百炼成钢的理性和勇气，是刹那惜物爱人的柔情。**

## 2

这个九月真的好疲惫。

烦心事、糟心事、琐碎事，散落一地。需要蹲下身来，一件件一遭遭，耐心拾起，小心打理。一直憋着一股劲，一直撑着一种情绪，以为这是面对烦心和糟心，不至于溃败的力量所在。可桂花树和孩子告诉我，人能扛住生活锤击的核心力量，是柔情，是爱意，是我不忍心一朵花离枝，也不想看到你伤心。我会很努力。

## 3

在桂花树下，站到暮色四合。

友邻发信，祝我假日快乐。

我回：桂花开了，桂花树下站着一地鸡毛糟心的我。

可是，能站在桂花树下，一切都还不算太糟，是不是？

人到中年，只要还有桂花树下闻花香的能力，都还是耐得住锤击的。这世上，大概所有的事情，最后都会被简化成一件事，所有的能力，都会被简化成一种能力，它是我们所有人存在的基础，那就是：爱人惜物的能力。

这是最好的季节，凉风有信，秋月无边。

愿你也有牵手看桂花的柔情。

*37*

## 培养美感：感知美，让我们有别于他人

### ①

我在午睡，孩子在一旁玩。

迷迷糊糊中，他爬到我身边，低下头，亲亲我的肩，说：妈妈，你好美呀。

一下就醒了。笑着问他：那妈妈什么时候最美呀？

不假思索，他说：当然是不穿衣服，洗澡的时候，最美！

愣了一下，不明白，为何一个六岁孩子的眼里，浴室里不穿衣服的妈妈是最美的。再一想，也对。在孩子幼小的心灵里，放下防备、不戴盔甲，周身线条柔和起来的身体，有种放松的美。这种卸下防备的放松，更接近于自然本真，更符合孩子的审美。想来，一**个人真正好看起来，就是懂得从心到身放松自己。**

时光过去很多年，如今孩子已上初中，可我依然记得那个夏

天,他那么幽微深情地探寻美,理直气壮地宣告美。

### 2

美这个东西,它很奇怪。

不管你喜不喜欢,它都在那里,潜移默化地影响你的情感和生活。不要说生活艰辛,无暇顾及美。其实,我们每个人都比自己以为的要在乎美,在乎好看。买衣服,犹豫颜色,迟疑款式;吃饭点个菜,也在看它到底符不符合自己对美的感受。看上去无法接受的菜,打死都不会点。更别提谈恋爱找对象了,不管他人怎么看,首先是自己对上眼,心里舒服了。

美似乎无用,但不觉得正是无用的东西,让我们和别人不一样,不功利的时刻,让我们更像一个人吗?我甚至觉得,**正是因为我们能用自己的心,去感知周遭各种细微的美,我们才成为一个个鲜活特色的生命,我们才有别于他人。**

感知美,是我们每个人通向世界,通向他人的微小路径吧。

### 3

小时候总好奇,为什么村里那些精于手艺的人,脸上都有异于常人的静气。他们总是比常人更耐得住性子,更温和,更有气质。

稍大些，便明了那是常年浸淫于"美不美""好不好看""如何更美"之后，美对人的滋养和反馈。

放到日常中，听音乐，看画展，欣赏舞蹈戏剧，学点设计，都是在拓展我们对美的认知。同样读一首诗，懂音律和不懂音律的人，得到的信息量，探究到的诗性，是不一样的。而欣赏过世界名画的眼睛，和未欣赏过画的眼睛，看到的也是截然不同的风景。

你欣赏过的画，会在你身上起化学反应。你看完了中国山水画，你就和大川大山建立了一种人文关系。山水不再只是山水，它是你探究世界、欣赏美好的一个切入口。你的眼睛，你的脑海，你的心，会因为这个切入口，互相贯通起来。你会有一种身心灵的大通感。这种感知力的拓展，反过来又会丰富一个人的内心。它让人更敏感，更丰盈，更灵性。它让人有更开阔的世界观，更温柔地对待周遭。

这也是蔡元培先生当初倡导的"美育救人"。

### 4

我很羡慕那些身有长技，沉浸于生活美学的人。这个羡慕，不单指"一技"能让一个人安身立命，更是指与美相处，可以调身心。**纳藏于心中的美，对美丰厚的感知力，它支撑一个人在任何处境都能自得其乐、自成天地。**

## 38

## 男人自律：今日起，我以你为约束

### 1

刷了集脱口秀。

选手杨蒙恩在发表淘汰感言时，对相恋四年的女友求婚。求完，他解释了一下，说："我之所以在这个舞台上说，不是因为浪漫，是我觉得，我长到现在，以我眼见的生活和我的信仰，我相信一句话，**这个世界上没有天生的好人，只有被约束的文明者。**"

小伙子想让全国的观众监督他。

### 2

想起徐浩峰的电影《师父》。

二十世纪初，军阀混战，南方咏春拳师父陈识，为延续他这一脉拳术，要在天津开宗立派。为干成这件事，他要找个本地徒弟，还要娶个本地女人。在一家西餐馆，他对一女服务员动了心。女人很聪明，知道男人对她动了情，但也明白，他结婚的本意是拿她做个掩饰的招牌。这招牌要怎么做，自己能得到什么，女人心里没底。

嫁之前，她对男人说："你得给我句话，见你的心意。"男人想了想，说："十五岁开始，每日挥刀五百下，这个数管住了我，不会胡思乱想。今日起，我以你为约束。"

这话是什么意思呢？不是表面上的，我有了你，就不会在外面胡搞，是更深层次的，你已经参与到我的生命里来，今后我做事情，都会想到我有你。以你为打算，也以你为约束。这不是一般的情话，也不是一般的承诺。

一个男人，从十五岁开始，用每日挥刀五百下，练就一种叫自律的东西。并因这种自律，练就一身本事。他很清楚，**以事为约束，可以长功夫；以人为约束，能得好感情**。他更明白，基于自律的功夫和感情，能带来自由和愉悦。

## 3

物理学上有条熵增定律，它说，在一个孤立系统里，如果没有外力做功，其总混乱度（即熵）会不断增大。公司没人管会散架，身材不锻炼会疲沓，屋子不收拾会变脏，手机一定越用越卡，热水会变凉，太阳会衰变，而人总会老死……所有的一切，都是趋于混乱。

而这世上，只有一处地方是可以反熵的，那就是人的精神。

自由不是为所欲为。**自由是克制、约束，是反混乱。世界那么嘈杂，生命那么无常，但你的心是稳的，你的精神是有腹肌的，你有自己的约束和目标，你有自立而诚实、不虚妄不散乱的自己，你就是自由的**。

那是人类社会一切财富中，最为可贵的东西。

## 39

## 妇人之好：把日子过得丰盈，也很了不起

### 1

讲真，比起女神、女王这些时髦称呼，我更喜欢妇人这个词。妇人多好，有我喜欢的烟火气，里头攒足了劲，有要把日子过好的痴情与精明。毕竟，**最后撑起人生的，不是什么人前光鲜和威风，也不是什么鸿鹄之志，是每一个数得着的小日子。**

而妇人，是小日子的主人，柴米油盐诗酒花茶，都滴溜溜地在她指尖打转。没有一代又一代的妇人，哪来我们的传统和文明。

### 2

说到妇人，不得不提《浮生六记》里的芸娘，这个被林语堂先

生赞誉为"中国文学及中国历史上一个最可爱的女人"。

芸娘是清朝人沈复的妻子,与沈复情投意合恩爱了半生,早早病逝。沈复将二人生活种种,写成了《浮生六记》。小小一本册子能流传下来,皆因沈复笔下的芸娘,是个热爱生活也善于生活的小妇人。

比如插花,沈复就只知道插花材,可芸娘说,她有一计,能让插花活起来,只是做起来有点罪过。她说:虫死色不变,觅螳螂蝉蝶之属,以针刺死,用细丝扣虫项系花草间,整其足,或抱梗,或踏叶,宛然如生,不亦善乎?沈复如法行之,见者无不称绝。

这样的小场景,贯穿了他们的小日子。她女扮男装和先生游盛庙,点评书画比沈复说得好;盛夏,她做"活花屏"纳凉遮日,夜半跑去荷池,将茶叶藏在荷花的花心里,说这样泡出的茶有荷之清香;喝粥,她将六只深碟摆出梅花意境,一粥一食皆是诗情;知道先生喜欢邀朋呼友去郊游,她租用馄饨担子让沈复喝热酒饮热茶赏春花……

点点滴滴,都是对这欣欣世界的痴情,都是专心过小日子的精细,以及把日子过顺了,并过出美感的雍容。这种睫毛般的敏感与锋利,便是妇人特有的聪慧劲儿。

### 3

所谓人间烟火，把日子过瓷实了，妇人才是主角。我钦佩那些开疆辟土、独当一面的职业女性（或者说女强人），我也敬佩我妈这种一辈子不曾进入职场，为家庭默默付出，把小日子精耕细作的普通妇人。要把日子过得盈满、蓬勃，一地鸡毛之余，还有点诗酒花，不比做好一份职业轻松容易。

**对尘世有无限的热爱与好奇，于灶台锅碗中，挖出生活的美与诗意，每个会过日子的妇女，都是人间的勇士。**

### 4

最近好吃的可真多。愿君好胃口。

*40*

# 他人苦难：若得其情，哀矜勿喜

**①**

上个月，我奶奶过世了。

九十三岁高龄，无疾而终。奶奶出生地主人家，曾有过好日子，也曾见过世面。一生虽经历各种坎坷，但和我爷爷相扶相守到白头，也算有福。乡下管这种终老叫喜丧。

真的是喜丧。三儿两女，满堂侄孙亲友，大家都很平静地和奶奶告别。

只有一人例外。只身在灵堂哭得悲切哀痛，不能自已。用我娘的话说：真的是泪如雨下，哭声从胸腔里来，人也坐不住了。你爹、你叔、你姑们，都没有这样哭。看得人有点不落忍。痛哭的这位，是我爷的堂侄。今年六十多，尿毒症晚期。一生不顺遂，晚景有凄凉。

我娘说：我们都明白，他哭的，是他自己。

奶奶的过世，让他想到自己将不久于人世。奶奶的福寿，让他想到自己的不如意。于是，感怀身世，悲从心起。

我问我娘：这事你咋看？

我娘说：**人都有坍台的时候。看别人坍，要体谅他，不笑话他。**

## 2

奶奶灵堂的这场哭，让我想起一部电影《绝美之城》。

六十五岁的老花花公子捷普，生活在罗马的上流社会，没有婚姻，没有子女，名利双收。生活对他来说，就是一个接一个的聚会，觥筹交错，以及用黑色幽默嘲讽一切。

捷普的好友有个艺术家儿子，叫安德里亚。有一天，安德里亚问捷普，你怎么看那些大作家描写死亡？捷普以"世界很复杂，谁也不知道"搪塞了他。没多久，安德里亚自杀了。

在去参加葬礼前，捷普向新交的女朋友讲述上流社会的葬礼行为准则。他说，葬礼是给活人看的一场表演。参加葬礼，就是配合表演，以达到最佳效果。配合最应谨记，不可用力哭泣，抢了死者亲人的风头。

在慰问死者母亲时，捷普完美践行了他的绅士准则。得体的仪表，适度的悲伤，套路的慰问。一切都刚刚好。但当他看见死者年轻的脸，死亡就像一道强光，打到他心里。绅士得体的现实伪装，都溃败散去。当他和几个年轻人一起，抬着棺木走出教堂时，他崩溃痛哭。

死亡就是这样。面对活人，我们可以嘲弄死亡。面对死者，死亡就在眼前。他的死，就是自己的死。死亡从一个符号变成千钧重负，它轻轻拍你的肩，虚无和恐惧，当头而落。

我们都经不起死亡之手轻拍肩头。

他死，即我死。

## 3

是的，我们很容易在死亡面前瞬间溃败。

无论是中国民间的喜丧，还是罗马上流社会的悲丧，无论农民还是绅士，无论年老还是年少，在死亡的阴影笼罩之下，我们都会溃败。

看见他人溃败，要学会体谅。看见自己溃败，要做些什么？

## 4

好多年前,隔壁部门有同事得了癌症。

一群热心同事跑去探望,围着病人问长问短,还组织捐款。回来后群体感叹:太可怜了,真可惜啊,那么年轻。不知道谁说了一句:相比而言,我们还是很幸福的,要珍惜啊!

那天,我写下这样一段话:

说实话,我很反感这种语境下的"幸福"这个词,它带着一种"他人受苦,而我幸免于难"的庆幸、自得,一种人性里很冷酷的东西。幸福是什么,我不知道。我只知道,它肯定不是从他人的苦难中比较得来的。

写这段话时,我尚年轻,刚刚进入社会。做人、做事都还憋着一股硬邦邦的劲。如果是现在这个年纪,我会这样写:当死亡之手,轻拍肩头。若见他人溃败,请多体谅。若见自己溃败,将这溃败深埋于心。不做生与死,好与坏的对照,不在这对照中庆幸自得。这是我终其一生,要努力的一点点好看。

### 5

说了那么多，其实就八个字：**若得其情，哀矜勿喜**。

若得其情，是告诉我们要体谅人，对他人苦难有共情力；而哀矜勿喜的这个"矜"字，除了怜悯，还有清醒的克制。

# 41

## 庸常人生：和人过日子，过的是他的短板

### 1

摘几段朋友圈里的随手记吧。这些俗世里的鸡毛蒜皮，都是心头一软的宝贝，是疲惫人生的下酒菜。

### 2

公交车上遇佳偶。

老头八十几，老太七十几，一早从乡下赏花回城。老太太拿手机看照片，老头一旁分析花的种类和来源。彼此有切磋，有戏谑，目光交接，空气拔糖丝儿，好甜。不是小男小女身子绞成麻花的甜，是泉水里回甘，春日一口鲜。

想想，人一辈子要修好多本事，老了老了，尚有心一早去赏花，是其一；有双手牵着，是其二；空气拔糖丝儿，哎，算了，学不来的。

### 3

老太太七十多，坐那儿打了半小时电话。每三五句便穿插七字警世恒言，间或现身说法。老太太间的哲学探讨，多半流于乡村式嘻哈，但她不，一字一句一事一例，甚为恳切。因恳切生出庄严，又因庄严自成气场。

半小时说法，用我文绉绉的话翻译下，大概是说：你当下拥有的一切，就是你能得到的最好的。

### 4

酒店吃早餐。

边上坐了个"中英合资"家庭。妻是中国人，夫是英国人，"合资产物"是个五六岁的小姑娘，嗲声嗲气，一团可爱。边吃边和她爹聊天，又卖弄自己很厉害，又撒娇自己很可爱。她爹坐对面，像杯四十度温开水，充满温暖、爱意、安定。在这样的男人面前，你会觉得自己是安全的，说什么做什么，都是对的。跌倒了他会扶，蹦高了他拉得住。

**爱，真好啊，人间解药。**

### ⑤

医院楼下吃肉包子。

对面有西装男，俊美挺拔，无声吃完，默默整理好碗盘，将擦拭过的餐巾纸带走，扔到门口垃圾桶。吃相好看是一难，能整理碗盘是二难，随手细分垃圾，替人减少麻烦，难上难。真是少见。

这样的男人，做同事，真是一顶一的好队友。

为啥不是做伴侣？算了吧。**和人过日子，过的是他的短板。**

### ⑥

日料店吃饭。

邻桌坐个单身男，五十五岁左右，微胖，身着碎花T恤，点了大杯冰啤，一小口一小口啜饮。筷子边上是手机，整晚亮着屏。他也不点哪个应用，就那样一口酒，一眼屏，一口酒，一眼屏。不知疲倦。

### 7

朋友夸她男友：形势越差，越觉得他好。他没有英雄气概，没有政治主张，却纯然善良。很多人的无意识是让别人不舒服，他的无意识却是让别人舒服，遇到大是大非又稳得住也立得住。觉得他真好。

隔着屏幕，默默感受了下这种夸与被夸，又脑补了这种好。这种好，足以让一个男人闪闪发光，他有爱人的能力却不自知。

### 8

娃对着桥头一株从石缝里长出来的桃树兀自发呆，说：真的是"桃花一簇开无主"啊！我在前头猛催他：快点走，画画来不及了！他小跑过来，身后是一团粉色的桃花。心里咯噔一下：可不，我还"春光懒困倚微风"呢。

这会儿想想，庸常人生，还真得吃下几首诗，见花开，见月缺，再吐出来。诗是刀，它能在心里刻下风花和雪月，想忘都忘不了。

## 9

金庸先生晚年出了全集修订本。在新序里，他这样写：武侠小说并不单是让读者在阅读时做"白日梦"而沉湎在伟大成功的幻想之中，而希望读者们在幻想之时，想象自己是个好人，要努力做各种各样的好事……得到所爱之人的欣赏和倾心。

古龙一生写义，金庸一生写情。临了临了，七八十岁出修订版了，还要再三告诫读者：你历经艰辛，九死一生，苦练神功，却也只为那人瞧你一眼。这是金先生的可爱处。他比古先生解风情，也更懂爱。

愿你也有浮世里的片刻柔软，人潮汹涌中的会心一笑或会心一痛。愿你也有闻一曲忆一人，见一食思旧情，以及猝不及防的热泪。

## 42

## 世事人情：成长必备的"底层代码"

### 1

世界摇摇晃晃，聊聊孩子，稳稳内心。

小孩四五岁，有一天突然问我：是不是所有的东西，都会经历开始、结束？结束了，是不是就是没有了？

想了想，告诉他：其实，所有的东西，不是分两步走，而是四步走，分别是形成、稳定、败坏、消失。你看的那个漫画里，说这叫"成、住、坏、空"。空不是没有了，是它消失去了另一个地方，佛家讲归于寂静。

这就是我们的日常对话。

我妈经常批评我，不要这样养小孩，这是要把他往寺庙里送吗？小孩子多学课本知识，多做数学题，才是正事。她也理解不了,为啥暑假里我会允许孩子花大把时间看武侠小说。

## 2

这样养小孩,是基于我自己的一个认知。

我一直认为,我们的儿童教育有个劣根性。教小孩,一哄,二吓,三骗。反正就不把小孩当聪明人养,不尊重孩子的智慧,看不到小孩的灵性,更认识不到孩子的理解和接受能力完全在成人之上。

五岁告诉他,世界充满爱;十五岁警告他,外面很危险;二十五岁又想他积极融入社会。成长蜕变,不是系统升级2.0,而是原地踏步卸了装,装了卸。孩子的认知,能进步吗?授人以鱼,不如授人以渔。什么是捕鱼的工具?用现代教育理论讲,可以写两千字。但用曹雪芹的话讲,就十四个字:世事洞明皆学问,人情练达即文章。

曹先生说的不是学问文章,是成长必备的"底层代码"。

**懂世情,才能和这个世界有深入链接。懂人性,才能明白自我、了解他人。世情、人性,是一个人成长路上,解锁世界、解锁自己的密码。** 多年采访经历,见过三教九流。擅做事、能成事、会生活,都是懂世情、懂人性的人。

立德、立功、立言，无一不建立在此基础上。

## 3

我想早点把这些底层代码写进孩子生命里。还有另一层原因：时代变了。

在我的认知里，普通家庭的小孩，靠读书拉开阶层的时代，已经远去了。想逆袭，就得不走寻常路。过去二三十年，我们对学历、职业、行业的认知和经验，在接下来的十年，会被彻底颠覆。或者说，这个颠覆已经发生了。早三五年，你能想象薇娅这样的女人，三五年就身家百亿吗？能想象初中都没读过的农民工一小时带货超两千万吗？能想象一个大型商场的销售额干不过一个网红博主吗？

时代在天翻地覆。你一意把孩子往旧经济周期的弄堂里赶，他只能越走越逼仄。你视野开阔，给他捕鱼的工具，他就能遇水搭桥，见山开路，怎么腾挪，都有活路。

我们即将要面对的，是一个生产自动化、社会虚拟化、货币数字化、生活游戏化的世界。在这样一个新时代，大家比的不是谁语数英多考十几二十分，你是985我是211。比的是，谁更懂这个世界，谁更懂人性，谁的感知力、创造力、跨界整合的能力更强，谁更善于自我学习、团队协作，甚至可能比的是颜值、身材、气质、亲和力。

## 4

微信后台，经常收到这样的来信。

我成绩很好，我工作能力很强，但我不懂人情世故，很痛苦，也很吃亏。怎么办？从十几到五十几岁都有这个问题。

及早把"底层代码"交到孩子手上吧。懂人世，懂人性，懂自己，是要从小启蒙的。而现在这代小孩，可能比以往任何一代人，都更需要这些启蒙和引导。

因为这代小孩，史无前例的孤独。

*43*

## 理性与柔软：人与人之间最朴素的恩义

①

为预防老年痴呆，我有随手记的习惯。

都是平日里的鸡毛蒜皮，但这些零碎的细微，带给我感触，也让我思考，更能督促我自己，不可以面目可憎，要努力做个好看的成年人。

说来很奇怪，我很晚熟。我是在三十五岁以后，才渐渐步入成年。这个过程很漫长，但也很有趣。如抽丝剥茧，如羽化成蝶。过程中的点滴进步，自己都能清晰感知。

这种感觉很好，像大脑在做核心训练，可以日渐看见自己，精神上也有了腹肌。

努力成年的过程中，给我很多触动和改变的，其实是身边的普通人，或朋友，或师长，或素昧平生的读者。不是什么经典名著，也不是什么伟人事迹。**我将这种来自普通人的触动和改变，视作人与人之间最朴素的恩义。我念着他们的好。**

谢谢你们的留言。我逐一看了。无以为报，将几段日常体悟与你分享。

## 2

孩子在看《爱，死亡和机器人》。问他哪一集最好看，答：《祝你狩猎顺利》。

《爱，死亡和机器人》第一季有十八集，其中这篇不到二十分钟的《祝你狩猎顺利》，改编自刘宇昆先生的小说《狩猎愉快》。讲的是一对猎鬼人父子，邂逅一对狐妖母女。受人之托，猎鬼人父亲杀了母狐妖，然后死去。他的儿子梁却救下了小狐妖燕，但两人很快分别。猎鬼人的行业做不下去，梁就离开村子，来到殖民地时期的香港，成了一名"对齿轮的磨损和活塞的隆隆声，如同对自己的心跳般了如指掌"的机械师。

世界变得更加现代化，"喷出烟雾的铁路和机器，它们在汲取这世界的魔力"，狐妖这些魔法生物因此越来越虚弱。多年后，当年被救的小狐妖燕，也来到了香港。但她已失去法力，也没有了利爪尖牙，谋生手段只剩靠美貌卖笑。

总督包养了燕，玩弄她还残忍地把她肢解，将她改造成了半机器人。因为心理扭曲的总督只对机械有欲望。不堪折磨的燕，最终杀死了总督。逃离后，她找到猎鬼人的后代——机械师梁，请求他帮自己完成机械化的迭代，重新长出利爪尖牙。

通过梁的一番改装，燕获得了"现代文明"下的魔法，精钢的利爪尖牙，极速的奔跑跳跃，人类难以企及的力量。改装后的燕，在大都市开始了一场"机械对人"的狩猎，"狩猎那些以为能够支配我们（女人）的男人，那些作奸犯科却美其名曰进步的男人"。

我问孩子：这集好看在哪里？

孩子说：首先它很亲切，人物设置、场景、画面，都是浓郁的"中国风"。然后，我看了很触动。

问：触动在哪？

他答：我觉得人心要是扭曲起来，可比妖魔鬼怪坏多了。所以，这个世界上，最可怕的不是鬼，是扭曲的人。

# 3

孩子写暑假作文，观电影《哪吒之魔童降世》有感。题目叫《我命由我不由天》。

唰唰唰，写一半，撕了。

问他：咋了？

皱皱眉说：命，不是由我，是由爱。哪吒要是没有爱他的爸爸、妈妈、师傅太乙真人，他要不是也爱他们，他做不了哪吒，他会是第二个申公豹。爱才是教育，才是神奇。

摸摸他的头，内心翻涌。

那一刻，对整个暑假不肯上语数英培训班、口算慢、奥数题不会做，作业拖拉这些破事，突然就原谅了。

**看到恶，也能看到爱，这份体悟与柔软，课堂里永不会考，但人生会啊。**

## 4

小时候写作文，说知识就是力量，知识改变命运。

可看看如今的网络世界，恐怕是知识败给无知，无知败给无耻。

这才过了几年，我们不得不告诉孩子，知识不是力量，知识也不能改变命运。没有智慧统领知识，知识就只是知识，它在变得越来越廉价。

**支撑人生的，是知识背后的智慧。让人生变得有温度的，是智慧背后的感知。**

人都是非常懒的。思考很累，情绪简单。体悟很累，口号简单。所以智慧、见识、感知，就变得弥足珍贵。

随着科技发展，人的知识是越来越丰富和庞杂了。人的精神却在退化，比知识更可贵的感知能力，也在退化。**什么是感知呢？它是你心上的东西，不是大脑里的。它不是思维所得，是你调用身心的能量，凝练出的一种能力。**

别小瞧这种能力。能不能远取诸物，近取诸身，能不能和天地万物连上网，就靠这个。

它比大脑智慧，也更能保护你。

### 5

说起保护自己，很多人想到的是强横和暴力。

**保持敏锐的感知，保持善良，保持人与人之间最朴素的恩义，保持对他人共情和理解的能力。这份理性与柔软，才是对自己最大的保护。**

越是狂风巨浪的时代，越是如此。

### 6

六月梅雨季。

楼下紫阳茂盛，苔痕新绿。我藏了鸢尾在袖底。

你那里呢？

人活着，最可仰仗的，就是自己的情感和感知。
丢掉这些，人性的光辉会减弱，而动物性会强盛。

一定要学会"雌雄同体"。
男人有女人的细腻和敏锐，女人有男人的果敢和格局。

第七辑

雌雄同体,浪得起也稳得住

## 44

## 女人之美：时代好坏，就看以何为美

### 1

送少年去上课，遇堵车。

随口问：你们班谁最好看？

少年想一下，说了几个名字。

又问：你喜欢妞妞，喜欢她啥呀？

少年笑笑，说：不告诉你。

提起他前同桌依依，我说：这小姑娘很灵气。我喜欢。

少年打断我的话，语重心长：是这样的，你们这些大人说好看，其实在说一个人长得漂亮。而我们这些小孩呢，是在说这个人很可爱。我现在比较喜欢可爱的。

又问他：那你怎么判断一个人可爱不可爱？

少年想了想：可爱，是一种不能说的感觉。

## 2

再过几年,我要如何告诉我的少年,美人之美,美在何处。

美,这个很私人的体验,它没有绝对的标准。但有常识。我要如何告诉他,古往今来,那些关于美人的常识。

## 3

三百多年前,有个叫李渔的男人写了本《闲情偶寄》,里头特意用四个章节写"如何鉴赏一个美女"。

他说,女人的美大致涵盖了先天条件好、会打扮、有才情、有媚态四部分。说到先天条件,他说肤白,眼有神,身条修长、纤细是关键。但他又说,前面三部分只占了十分之三,女人的美,关键是"媚态"。

原话是这么说的:"女子一有媚态,三四分姿色,便可抵过六七分。""媚态之在人身,犹火之有焰,灯之有光,珠贝金银之有宝色,是无形之物,非有形之物也……凡女子,一见即令人思,思而不能自已,遂至舍命以图,与生为难者,皆怪物也,皆不可解说之事也。"

好多年前,问我村智叟,此话何解。

智叟答:媚态这东西,男人之间心领神会,女人之间不可言说。

### 4

三百年后,男作家冯唐把李渔这番理论翻成了大白话。他说女人的魅力武器库里有三把刀:一是形容,"形容曼妙"的"形容"。比如眉眼,眉是青山聚,眼是绿水横,眉眼荡动时,青山绿水长。二是权势,居高位有势力,或者有钱。比如姑娘说"我是东城老大,今天的麻烦事儿,我替你摆平了"。三是态度,"媚态入骨"的"态","气度销魂"的"度"。态度是性灵。冯唐说他读大学那会儿,有师姐把他拉到小酒馆问:如果把你灌醉,是不是可以先奸后杀,再奸再杀。态度是才情。他的初中女同桌背诵《长恨歌》,背到"芙蓉如面柳如眉,对此如何不泪垂",眼泪顺流而下……

对这三把刀,冯唐这样总结:**既然是刀,就都能手起刀落,让你心旌动摇,梦牵魂绕,直至以身相许。但是,形容不如权势,权势不如态度**。铭刻在心的,是那些不那么漂亮的女人。

### 5

时代变迁,美人之美的标准一直在变。

不变的是性情、气质、思想。

百年来,为何民国时期的女人最具风情,八十年代的女星最具韵致？如今的女明星，为何独缺了文艺气质？这些，都能在对应的时代里找到答案。民国战乱，但人心不乱。而心乱了的时代，女人总是不耐看。一个肤浅短视、急功近利的社会，女人的美也只能是玻尿酸的气息。

时代的价值观，决定着女人的美。

## 6

女人的美，还跟男人有关。

民国女人风情，因其背后有一群时代精英。八十年代女星文艺，因其身后有一群思想自由的文艺男青年。女人的成长，离不开优秀的男性。男人的成长，仰赖一个崇尚高贵精神、自由思想的时代。

女人脸上的美，有些是男人成全的。而男人成全女人的心力，有些是时代促成的。

## 7

有人问哲学家：哲学到底有什么用？

老头儿这样答：根本没啥用。但有一点可以保证，上完哲学课，你总能看清谁在胡说八道。

这个时代最大的好处，就是让女人有机会看清"男人什么时候在胡说八道""社会、时代什么时候在胡说八道"。有越来越多的女人明白，形容不如权势，权势不如态度。而态度呢，不仅是性灵和才情，更是"我是个独立的存在""我可以成长为更好的自己"。

**每个有独立完整人格体系的女人，都很美。**

### 8

愿这些〇〇后、一〇后男人的审美，迅速成长起来，填补这个时代审美的不足。

愿我的少年能记得，美人之美，不仅在发肤身姿，更在态度才情、人格独立。

美人如美玉，都是老天爷赏的灵气所聚。身为男人，一生都要能赏之惜之，珍之怜之。男人的创造力，多半来自这份珍赏之情。诗人靠此珍赏有了诗句，画家因此有了画作，农夫因此耕作置地。古往今来，概莫能外。美是救赎，美也是驱动力。

时代好坏，就看以何为美。一个有多元、健康审美的时代，多半差不到哪去。

45

## 男人之帅:最美的人和物,都是阴阳相交

### ①

一早出门前,孩子问我他那件羊毛西装大衣去哪了,他想穿。那件大衣,他自认为穿起来很帅。可这几天,南方冷得人直跺脚,西装不扛风。老母亲劝说再三,孩子极不情愿穿了羽绒服。边穿边嘀咕:胖嘟嘟的,身材也没了,一点都不帅。

嗯,小小的人儿,开始要好看了。

### ②

关于帅不帅,男人怎样才算帅,曾和孩子有过一次交流,在他五岁的时候。

冬夜，带孩子去散步。他跑在前，我跟在后。突然，孩子极尽所能做了几个向上跳跃的动作，带着得意，回头问我：妈妈，我这样跳，是不是很帅？

嗯。帅的。

问：那你说，是不是男人的好看，都叫帅？

答：不是的。美和帅，都不分男女。男人也可以很美，女人也可以很帅。只是，我们大都把女人的好看称作美，把男人的好看称作帅。但美和帅本身，妈妈觉得它们是中性的。

问：什么是中性呀？

答：中性就是……中性是《易经》八卦里的那条阴阳鱼，是阴阳相交的那条曲线。既是阴，也是阳。是阴阳平衡，是中间流动交汇的那个点。

娃若有所思想了会儿，说：就是那个八卦图的中间部分啊。可是，那个八卦图的线是弯曲的，会动的呀。

我信口乱说，被孩子问得不知如何继续话题，我总不能告诉一个五岁的孩子，他妈妈心中**最美的人和物，都是阴阳相交、雌雄同体**。而呈现在我们眼中的，极致的美或帅，它本就是阴阳两股力量对冲，岌岌可危之上的平衡。

想了想，只好给自己找台阶下，说：这世上的东西呀，都是不断变化的，动态的，帅也是一样。你现在这样跳是帅的，可等你长到爸爸那么大，再这样跳，就不会被认为帅了。

他似懂非懂点点头。明显被他妈绕晕了。

## 3

孩子提出要去零食店买零食，前方还有一段路要走。心想，要不继续"帅"的话题吧。

问他：你知道，怎样才能帅帅的吗？

他答：强壮、有力量、快，很厉害很厉害那种。

我问：还有吗？

他想想：钢铁侠、蝙蝠侠、拿瓦铠甲、奥特曼那种！打怪兽，保护地球！

想了想告诉他：强壮、有力量，是勇猛，表现的是一种力量的强大。但那不是帅。

他问：那什么是帅？

答：帅，是阳刚勇猛中有阴柔，是力量刚刚好，没一点多余和浪费。也就是，没有蛮力，有巧劲。

看他不懂，就给他举了个例子：宫崎骏老爷爷的动画片《风之谷》看过吧，里面的娜乌茜卡，是个女孩子，对吧。她很帅，是不是？

娃使劲点头。

你看，娜乌茜卡从飞机上跳到滑翔伞，那个动作的力量，是不是刚刚好？力量小了，跳不过去；力量大了，滑翔伞会失去控制。可她把力量控制得刚刚好，动作优美有力量，又轻盈，特别帅。而且，她是个女孩子，所以，比男孩子跳还要帅。因为阴柔中有了阳刚。这个世上，特别勇敢的男孩子，要是带了一点女孩子的温柔，或者特别温柔的女孩子，带了一点男孩子气，都会显现出帅来。

娃一听来劲了：我知道，我知道。还有喜羊羊也是羊村里最帅的。它呀，用一根羽毛把灰太狼赶到峡谷里去了。哈哈哈。

## 4

能将对话记得这么清楚，当然是因为当年我回家后，就随手记了下来。当时觉得乱七八糟，这都什么呀。可现在翻看，又倍觉珍贵。因为当年记下这些文字背后的细致和柔情，今天的我已不再拥有，往后也难再有。

母子一场，也和恋爱一样。点点滴滴如情书，莫嫌它琐碎，背后情真，得一分，少一分。

# 46

## 雌雄同体：好的爱人，给你看世界的新角度

### 1

这个世上有两种常识：

一种叫显性常识，你可以在书本、课堂、媒体，所有公开的场合学习。

一种叫隐性常识，你只能跟人学。但没人会主动教你。你最能学的人，无非是父母、爱人。和父母学，叫家庭教养，那是第一桶金。和爱人学，是后天运气。

爱人教的，比父母教得深刻。**好的爱人，给你新的看世界的方式和角度**。也让你重新审视自己，从而变得更好。我把这种教学，叫作枕边教学。

## 2

在我们身边,凡是有本事、能成事、不油腻的中年男女,都是被爱人调教过的。

你可以留心观察,到一定年纪,无论男女,只要是有一番作为、修养好、气质干净,男人有女性特质,女人有男性特质。男人创业成功,身边必有一个或一群甘心为他卖命的女人;女人成事,必有男性力量和智慧,在她背后支撑。

事情做到一定程度,一定是男女搭配,干活不累。而人活到一定程度,一定是刚柔并济,雌雄同体。

## 3

男女各有优劣。

在情感上,男人是比女人低一个等级的生物。他们的情感颗粒度要比女人粗,也更自私自利。而在处世中,男人确实比女人更容易抓大放小,打开格局。男人看世界、看人,感知事物,和女人用的不是同一个操作系统。

无论男女,谁学会两套系统来回切换,谁得自由和智慧。

这种从iOS(苹果开发的操作系统)到Android(谷歌开发的操

作系统）的跨越，你在其他地方学不来。只有在亲密关系里学。

### 4

如果你活到四十岁，还没有一个男人或女人，在枕边为你打开一个新的视野，你的人生就还有好大一块空缺。**那些枕边话，是比婚姻爱情更重要的大礼包。一定记得要领走。**

所以，只有中二病（指青春期少年特有的自以为是）的小孩，才幼稚地搞男女性别对立。女的一说起男的，都是"男人都是下半身动物，没一个好东西"；男的提起女的，都是"女人都是又做婊子又立牌坊"。越是在言语和意识里，存有这种无知的偏见，越会在现实生活中，频频遇到垃圾或渣人。男女都一样。

网络电信情感诈骗的目标客户，就是既厌恶异性，又渴望亲密的一群人。

### 5

在我的认知里，男人被爱他的女人调教过，才叫成年。而女人，则要被爱她的男人调教，才成熟。调教这个词，不太好听。但亲密关系里，你来我往的互动，其实就是一种调教。亲密关系不是你做霸道总裁，我小鸟依人。亲密关系，是互相成全，互相打磨，直到彼此长出包浆。最后，那薄薄一层光泽里，有一种叫男女同修的智慧。

**男人从女人那里学女性视角，女人从男人那里学男性思维。**

## 6

作为女性，要学会认知真实的社会，认知男性的底色，更要学会和男性做朋友，在男人身上学书本上学不到的东西。

不管你是否爱过、伤过、痛过，都要在潜意识里，给自己灌输一个正念：我会越来越好，我也值得遇到好的人。只有这样，你才会遇到那个对的人，那个给你另一半智慧的人。

*47*

## 所谓恋爱：就是交换一部分自我吧

①

早上五点打开手机，都是顶流男团TFBOYS在西安开演唱会，场景如何火爆的消息。穿着粉色裙子的姑娘，举着旗帜和荧光棒，乌泱泱的，涌动着，尖叫着。隔着屏幕都能感受到兴奋。

放下手机前，打开了网易云音乐。平台推给我李宗盛。我这一代文艺女青年，谁不听李宗盛呢。崔健、罗大佑、李宗盛，大概分别代表上一代文艺女青年精神内核的三个面向：叛逆，思辨，以及浪漫。

现代社会的人，需要精神偶像。而文娱是最容易寄托的地方。

想起2019年李宗盛来宁波巡演。我和闺密巴巴地从黄牛手里倒了头排票，那么近距离地，看着这个老男人从《开场白》《生命中的精灵》，唱到了《最爱》《漂洋过海来看你》，最后一路到了《当爱已成往事》《给自己的歌》。

这个男人，从二十几岁写到六十来岁。他是写他自己，年轻时为爱疯狂，经历三段婚姻后云淡风轻。他更是钻到女人心里写女人，从少女到妇女，从妇女到雌雄同体，从初尝情滋味，到情海里蜕几层皮，再到痛里开花，有了松弛和豁达。短短几十年，完整的情感周期和人生周期。

那一晚，他是按照年代顺序唱的。

从二十世纪八十年代中期，到九十年代，再到二十一世纪，写那个时代特有的气息，痴男怨女、灯红酒绿。从年轻时的莽气热忱，一路唱到人到中年后"越过山丘，才发现无人等候"。

一段段旋律，一句句口语般的歌词，是我们这一代人，从青春到中年的"情感记录"。

为你我用了半年的积蓄
漂洋过海地来看你
为了这次相聚
我连见面时的呼吸
都曾反复练习
……

爱恋不过是一场高烧

思念是紧跟着的　好不了的咳

是不能原谅　却无法阻挡

恨意在夜里翻墙

是空空荡荡　却嗡嗡作响

谁在你心里放冷枪

旧爱的誓言　像极了一个巴掌

……

几乎每一首歌，每一句词，都能相应地想起某个人，某个场景。

文艺女青年，谁扛得住这样近距离的"翻账本"。以至于演唱会刚过半小时，我已经把我的眼泪，一次性交了出去。最后，这个男人出来说，如果你被这些歌打动，这些歌就是你的。返场安可，反复鞠躬，拿起话筒，清唱了《爱的代价》。这首歌，是他写给张艾嘉的。

张艾嘉有一次在采访中说起这个事，当年见到这首歌，还觉得歌土，尤其是题目。后来，经历过很多人和事，慢慢才明白，这歌真好。一句一画面，一句一故事，年纪越大，唱来都是触动和感伤。而这就是所谓的爱的代价啊。

那一晚，听着李宗盛《爱的代价》，大颗大颗的泪珠子，砸在衣领上。我都觉得，那不是泪水，是我这辈子对情感的执念，是我终于在人到中年的时候，把这执念哭出来了。

有时，会问自己，为什么要活着呢？人活着，孜孜以求的珍贵，到底是什么？是自我价值的实现吗，是灵魂不再孤独吗，还是最大限度地被看见？到现在这年纪，会觉得，是为成长啊，是为去经历啊。是要看着自己，一层又一层地蜕皮，然后，剥落出一个新的好看的自己。

我们谈过的恋爱，我们爱过的人，都是来剥皮的吧。他撕开你一道口子，你撕开他一道口子，两个被撕破了表皮，发红发肿的"自我"，血肉模糊地抱在一起，皮肉粘连。从此，他的一部分"我"长在你这里，你的一部分"我"长在他那里。

**所谓恋爱，所谓亲密，就是交换一部分自我吧**。只是，交换有多深，斩断时就有多痛。

分手之日，斩断之时，斩了又念想，想了又不舍，就是皮撕开了皮，肉扯碎了肉的精神活剥吧。

活剥后结的痂，就是李宗盛的歌。

上一代文艺女青年，都是爱过的，用很传统的方式。这些爱，被李宗盛给记了下来。

## 2

听完李宗盛的歌,突然很感慨。

现在的姑娘,都流行不要恋爱脑。凡事讲理性,懂进退。

这些年,社交媒体上流行的,也都是大女主叙事。颂扬女性的觉醒,强调女性的独立,用词也常常堂皇。比如男人的殷勤被称为"跪舔","年下恋"的男性被称作"小奶狗",而主动进攻型的女性则成了"御姐"和"女王"。同时,积极心理学也越来越普及,人的所有困惑、困境,都可以条分缕析地归因,可以简单清晰地给出解决方案。只要你足够积极,只要你内心强大,只要你全然理性,人生就尽在掌控,可以算计。所有这些,仿佛都在教育世人,情感丰富是幼稚的,为爱挣扎是愚蠢的。

但不知为何,我总觉得,人活着不应该这样,情感不应该这样。

活到现在,在我自己的经历里,我很清楚,人这一生,尤其是女性,只有理性,只有积极心理学,是不足以真正成长的。因为,在情感与亲密关系里,我们是无法全然掌控和算计的。你全然理性的东西,一定不是你全然的情感。

**情感这个东西,它还有一块空间,是我们无法用理智来条分缕析的。这块空间,需要我们敬畏,放下一些理智,放下身段,以**

**稚气以天真以赤诚，为它迷惘，为它挣扎，如此，我们才得到一些什么。**

人生，尤其是情感，肯定有一些东西，它无法归因，更无法掌控。

放弃感性的力量，放弃对浪漫的渴求，放弃爱的迷茫和挣扎，在我眼里，这并不高级，也非智慧。有时，恰恰是一种缺陷，是现代人的一种自我阉割，是怯弱。

所以，时至今日，我都不能接受"男人没一个好东西""妥妥渣男"这种句式。只要大脑里植入了这种意识，就会在心里为自己关上很多扇窗。我们所有的情感经历，都是来修渡我们的功课，都是成长。

李宗盛用男人的身份，女人的视角，记录了这些功课和成长。

## 3

**任何年纪，爱情不是用来沦陷，而是用来享受的；男人不是用来敌视，而是用来学习并超越的**。这可能是我们这一代文艺女青年，在我们那个时代的流行文化中，学会的两性之道。

可能是过时了。

## 48

## 自我意识：醒来的女性，让男人既惊且怕

### 1

多年前，看一档谈话节目，主持人和高晓松聊爱情、婚姻和两性关系。

彼时高晓松有个年轻的夫人，两人相差十九年。主持人问：找了个这么年轻的，会不会有代沟？都说三年隔一代，你俩有共同语言吗？

高晓松摇着扇子笑了笑，说：就是要一张白纸。随后，他解释了下，大意说：她认识我的时候，才十六七岁。她看的书，听的音乐，看的电影，她的审美、思想，都是我一手带过来的，这里有我的影子。所以，我们很有共同语言，没有代沟。

主持人又调侃他，说：文艺男神不是应该喜欢有主见有个性的文艺女青年吗？高先生瞟一眼，说：文艺女青年，我招架不住，太

麻烦了。

此后很多年，这段"高论"一直在我心里发酵。为何连一个高知家庭出身，也算饱读诗书，见过世面的男人，也会渴求一段"容易把控"的亲密关系。他们需要的女性，为何不是一个成熟的女人，而是一个单纯的工具人？这种行为的背后，到底是蔑视女性，还是在害怕女性？他们就不希望得到平等的、棋逢对手的亲密关系吗？

有一天，豁然开朗：大清都亡了这么多年了，身上的辫子是剪了，心里的辫子还在呢。

一脚踏在封建社会，一脚迈向现代社会，既想当老爷，又想做文明人，是这个时代男女关系出现矛盾，一个很大的根源。

女人正在醒来，而男人还在沉睡。醒来的女人，让昏睡的男人既惊且怕。

## 2

王力宏和他爸心里的辫子，也老长老长。

总觉得他们一家人，集体生活在二十世纪七十年代的美国唐人街，或者香港尖沙咀。半封建半殖民地半资本主义，反正都是半。既希望老婆接受现代社会世界名校的教育，又希望老婆像大观园里的袭人。

作为一个见过不少明星，也听过不少八卦的前媒体人，王力宏事件，第一处让我毛骨悚然的，不是他勾搭未成年少女，是他替李靓蕾改名。

李靓蕾原名西村美智子，中日混血，妈妈是中国台湾女明星，爸爸是日本人。李靓蕾这个名字和其身上的学霸光环，都来自哥伦比亚大学华裔圈子里，一个有名的女学霸。王力宏宣布结婚前，出于虚荣心，给准老婆改了名字。被误导的网友扒出女学霸的简历：普林斯顿大学本科，哥伦比亚大学硕博，供职于摩根大通。而后，又把这些安在了西村美智子的头上。为了给王力宏圆谎，她还特地跑到哥大上了个一年制的硕士班。

这哪是结婚找伴侣，这是要一个可以随意装扮的高级人偶啊。

不仅性格脾气要好拿捏，连学历都得配合着满足他的幻想。从媒体爆料看，其实不仅这些，甚至连言行举止、穿衣打扮，都要投其所好。嫁给他，等于是扮演一个不是自己的人设。就算没有出轨，没有情感操控，仅这人设扮演，就足够令人害怕的了。

看王力宏、王爸爸的发声，最大的感受，是这一家子，男性和女性仿佛活在两个时代。王爸爸认为让儿子的女友打胎，是再正常不过的事，对方不同意就是"以孩子做要挟"，全然忘记女性有生育自主权。分婚后财产，也被他说成是"搞钱、要钱"。一个二十一世纪的公公，为儿子的婚事，不惜窥探儿媳妇的月事，好像家里有皇位要继承似的。

很难想象这是一个在美国生活多年的精英高知家庭。

## 3

但现在的姑娘,又不是以前,哪有那么好拿捏。

这些年,李靓蕾逐步夺权,接手了王妈妈的经纪人角色,王力宏的公司,实际也是她在管理。和大陆地区的商演合作,也都是她谈下来的。王力宏一家,都对此深深不安。生完第三胎,王力宏提出离婚。这触到李靓蕾的底线,她的底线是要保留这个婚姻共同体。你动这个根基,弱势的一方就会奋力反击。

看王力宏和李靓蕾互相过招,能在王力宏和其家人身上,看到很鸡贼的一面,比如把共同财产说成是王力宏的"慷慨施舍",比如故意强调李靓蕾是日本血统。但我们几乎感受不到李靓蕾有鸡贼感。这里除了李靓蕾会写文章,表述逻辑清楚,且句句落在实处,更重要的是,她把自己的处境,上升到了一个群体性的问题,一个时代的问题。

我们太容易在她身上共情。共情自己和身边的女性,共情上一代的妈妈们。她的困境,俨然已经是这一代女性,在婚姻关系中的结构性困境。全职妈妈的职业价值,女性在家庭中的付出,男女关系中天然的弱势，生育成本，这些问题，这些思考，早已脱离了简单的男人出轨背叛。

它早不是一个道德问题，而是一个复杂的社会问题。它的解决方案，需要社会、男人、女人，共同去省思，寻找答案。

## 4

最后，想对女读者说几句体己话：

男人负心、出轨都不是最伤人的，两性关系里，真正伤害一个女人的，是男人的极度自私和冷漠。不管你和他在一起多久，他心里永远只有他自己、他的需要和欲望，他看不到你。这种伤害，是磨损灵魂的伤害。及早辨识，及早抽身。不管沉没成本有多高。

不管明星还是素人，把夫妻、恋人关系这些完全隐私的情感纠葛，拿到公共领域示众，对一个成年人来说，无论如何都不光彩、不体面、伤人伤己。当婚姻成为修罗场，谁能是赢家？

只要不是遭遇极端的人和事，我们绝大部分普通人的亲密关系，没有绝对的好与渣，施害与受害。

一段感情，善果还是恶果，取决于最开始的那个意念。愿你所有的爱，都不后悔，好聚好散。人生在世，最亏的事，是你爱也爱了，痛也痛了，却连回忆也存不下。

## 49

## 自我补习：我们这代人缺什么，时代就缺什么

### 1

十岁的梅葆玖开始学艺。

梅兰芳为儿子请来当时顶尖的京剧名家，叮嘱儿子：老师怎么教，你就怎么唱，不要问为什么。为练好京剧基本功，学《玉堂春》时，梅兰芳买来一面镜子，让儿子对着镜子"念白"对口型，每天五十遍，雷打不动。毕竟还小，有时偷懒，就没完成。梅兰芳也不打骂，全家不吃饭，干等。练完了，才一起吃。此后，梅葆玖没落下一天功课。

这就是我们东方人学本事的方式：从规则程式开始。身体的训练，比头脑的思考，先行一步。师傅一个口令下来，弟子不准发问，直接身体力行。脑子不明白个中道理没关系，身体跟着师傅坐

念唱打就好。在一日又一日，一遍又一遍的重复中，把一种叫"功夫"的东西先磨上身。

这样学本事，有好有坏。东方文化的熏染和训练，人更容易积累技术，艺术技能多由形式来框架。而要从技术、形式中获得自由和灵动，借由身体的熟练，去打开内在的心性，却是极少人才拥有的幸事。所谓师傅领进门，修行在个人。自己不会悟，成不了大气候。所以，很多人学本事，一辈子被困在形式规则里，出不来。

## 2

西方的艺术，都是自由心灵创作出来的作品，少有固定形式。看西方的艺术作品，更能感受到创作者的想象力和生命力。那是一种或许可以称作自由天性的东西。看西方的绘画、音乐、舞蹈，莫不如此。

这也有好有坏。一个自由意识的社会，往往很难有人从童年起就肯承受日复一日枯燥乏味的训练。所以，他们少有"庖丁解牛""巧夺天工"的人和物，也难以形成所谓的"艺道"。

西方文化一切都是可学的，且有科学的方法和精神。他们有本事把各种技艺性的东西编织成知识体系。但中国的艺术技艺从来没有知识体系，没有公认的准绳。我们推崇的是个人的造化和悟性。

### 3

西方人学本事喜欢用头脑,凡事都要弄明白、问清楚,要了解才肯去做;东方人是先用身体实践,直接去学,做了再说。如今,我们都成了"不中不西"的中国人。自小被规矩和标准答案打磨,内在的开放自由和有机被早早关闭。西方世界凡事讲清楚的逻辑理性,并没有学到手。而传统东方以身体实践、以力行启悟,又在我们这一代切断了。往大了说,人家的科学与民主没嫁接成,自己的传统文化却断了根。往小了说,手头的技术越来越弱,内心的独立自尊又还看不到。

东西方文化,我们是两头没靠着。

今日中国之问题,人心之焦虑,或许就在于心中缺文化,手中缺技术。我们这代人缺什么,我们所处的这个时代,也就缺什么。

### 4

以上这些话,是我写给自己的。

为啥要写这些呢?因为跟老先生学画画。老先生很可爱,他教成人画画,第一年不教技法,教心法。一堂课,就几句话,大部分时间,大家天南地北地聊天儿。这几句,你得自己悟。悟完了,你自己动笔画。下次上课，你带画来。

曾百思不得其解，成人学书画，难道不该从苦练基础技法开始吗？可他说，我要是先教你技法，你就被我的技法困住了。你们这一代孩子，自小被标准答案困住，长大了又被社会规则困住。看似追随西方文明，也学得有模有样，其实大都徒有其表，你们早早都没了心性的自由。你们学到的西方文明，都是皮毛。你们学到的传统文化，也是皮毛。不去打开内在的心性，不去卸下特定的灌输，你们这代人，出不了真正的好东西。

是啊，当一个人的内在天性没有被打开，他学得再好，最后都是磨动作的机械重复。

一个时代也一样。不开放，不包容，就不可能有活泼泼的生命力和创造力。没有内在的奔放自由，不可能真正强大。

## 5

一直对东方文化有信心。

西方文化偏男性化，遇敌杀敌，遇阻开路。而我们东方文化更偏向女性化，遇敌遇阻，有以柔克刚的智慧，有一低头的温柔。放到艺术里，西方人胜在有理性逻辑做框架，构思精确，但败在精确过头，少了未知。而我们东方人懂得何时"收手"，放书画里叫

"留白",是真正有力量的所在,也是充满未知的神来之笔。

所以,**未来这个时代,一定要学会"雌雄同体"。男人有女人的细腻和敏锐,女人有男人的果敢和格局。**

写完这些,日暮西山。薄酒一杯,遥敬远方的你。

## 50

## 理智与情感：小孩分对错，成人看幽微

### ①

有个九〇后朋友，看完电影《第一炉香》极纳闷，问我：葛薇龙好好一姑娘，怎么就喜欢上了乔琪乔这么个没心肝的浪荡子？喜欢也不打紧，毕竟初恋嘛。后来，怎么就为了他，甘愿出卖自己，去傍老男人？明明想离开回上海，怎么突然又回来了？简直脑子有病。

许鞍华的这部电影，在网上被骂得很惨。其实，拍得还行。只是读点原著，更能理解电影。小说里很多细节，镜头不好表现。葛薇龙对乔琪乔的瞬间心动，是源于男人一个无意识的动作——把头埋在胳膊弯里。这是一个很孩子气的动作，脆弱、无助、逃避、阴沉。可她见了这个动作，心一牵一牵，痛起来。

这个男人追求薇龙，说："如果今晚有月亮的话，我打算来看

你。"黑月夜,他爬上了薇龙的床,说:"薇龙,我不能答应你结婚,我也不能答应你爱,我只能答应你快乐。"薇龙颤抖着,哀恳似的,抱住了这个男人。事后,男人走了。

薇龙独自在阳台看月亮,月光淹了她一身。年轻时读到这一段,觉得好奇怪。这个时候,作者为啥没有让葛薇龙来一番自我剖析,质问自己为何飞蛾扑火,爱得这么卑微。张爱玲只是一个劲写月光,写薇龙伏在栏杆上,学着乔琪乔,把头枕在胳膊弯里,写"那感觉又来了,无数小小的冷冷的快乐,像金铃一般在她身体的每一部分摇颤"。

身体每一处,摇着金铃般细碎的快乐。我们这些普通人,要自己爱过痛过了,才懂。天才如张爱玲,二十三岁就懂了。她写了一个女人的恋爱心理,也写了人性的复杂,以及人在面对这份复杂时的无奈。

## 2

人的欲望太复杂了。

月光刚退去,薇龙就看见男人和她的贴身丫鬟抱在一起。也就是说,恩爱第一夜,这个男人一张床上下来,就上了另一张。伤心崩溃之余,薇龙拎着箱子要回上海。男人开着车在后面慢跟。她知道他花心，想他说句承诺，拿承诺挽留。但没有。

路尽头，薇龙回头看男人一眼。男人低下头去，头又埋进胳膊里。这个动作，是薇龙的死穴。她舍不下，她又回来了。她去跟姑妈说，她要嫁给这个男人，并愿意承担这个婚姻的代价——帮落魄户的男人弄钱，帮猎艳的姑妈弄人。

这就是葛薇龙的初恋，她的去而复返。她有情感，她没病。但你说只是因为男人一个动作吗？当然不是，这动作背后有女人的恋爱心理、性心理，甚至有自我的觉醒。她回香港，不单是要这个男人，要婚姻和爱情，她也要报复，她要回击。甚至，这里还有她对已经习惯了的上流社会生活的不可割弃。

人性那么复杂，欲望那么复杂。小说、电影、社会新闻，看的就是这些细微的复杂。

## 3

可现在，我们越来越不愿正视这种复杂，感知这种复杂。

我们总是很快地，对一个人、一件事、一个现象，迅速地贴标签，斩钉截铁地下判断。然后，捧的捧，踩的踩。下标签和下判断，是那么省力和痛快。你是"圣母婊"，他是渣男王，你反对是洗地，他提问题是递刀子。就像这《第一炉香》，也完全可以归纳为，女主智商喂狗恋爱脑，男主滥交海王渣中渣，中间夹个大姑妈，徐娘半老欲壑难填。省力和痛快的结果，是文学不好玩了，电影不好看了，人也失去人味了。

这几年，随着互联网的发展，这种现象与日俱增，渗透在社会的方方面面。这背后的代价，可能是我们每个人都需要承担的。

代价是什么呢？

当一个时代，从社会到个人，从文化到经济，拒绝感知细腻和复杂，拒绝倾听微弱的声音，拒绝承认多样性，时代中的人，会越来越寡淡，越来越扁平，越来越趋同，越来越失去丰富性，甚至是创造性。

### 4

这样不好玩。

小孩才分对错，成人只看幽微。

一个人的成年，一个社会的成年，往往从体认复杂开始。通过体认他人，进而体认自己。体认思考的多样性，进而体认世界的丰富。人之为人，不在那荒谬狭隘的政治，不在大而无当的宏观叙述，在细小的生活里，七情六欲里。在清晰的理智，理智背后的感知里。更在基于日常和感知之上，闪着神光的情感能力里。

**人活着，最可仰仗的，就是自己的情感和感知。丢掉这些，人性的光辉会减弱，而动物性会强盛。**

## 5

朋友问我，这一年你最大的感触是什么？

我说，就是发现，人和人之间，生命的质地，最后拉开距离的，不是智力，是情感力和体力。

你有丰富的情感和感知，你看到的世界，颗粒度就细，清晰度就高。人家一千二百万像素，你柔软敏感多情，就有四千八百万像素。人家只能看见树叶，你能看见树叶尖上立着一个大千世界。而体力呢，就是好好活着，活久一点。有力气多看几片树叶，有时间多爱几个良人。

新的一年，就要来了。能让你心里安宁的，永远是情感，不是身外之物。

亲爱的你，新的一年，愿你浪得起，也稳得住。

**图书在版编目（CIP）数据**

新女性的 50 个基本：如何拥有稳定的内核，做一个舒展自在的人 / 桃花潭李白著 . -- 哈尔滨：北方文艺出版社，2024.4
　　ISBN 978-7-5317-6092-4

Ⅰ . ①新… Ⅱ . ①桃… Ⅲ . ①女性 – 人生哲学 – 通俗读物 Ⅳ . ① B821-49

中国国家版本馆 CIP 数据核字（2024）第 003253 号

**新女性的 50 个基本：如何拥有稳定的内核，做一个舒展自在的人**
XIN NÜXING DE 50 GE JIBEN RUHE YONGYOU WENDING DE NEIHE ZUO YIGE SHUZHAN ZIZAI DE REN

| | |
|---|---|
| 作　者 / 桃花潭李白 | |
| 责任编辑 / 赵　芳 | 封面设计 / 主语设计 |
| 出版发行 / 北方文艺出版社 | 邮　编 / 150008 |
| 发行电话 / （0451）86825533 | 经　销 / 新华书店 |
| 地　址 / 哈尔滨市南岗区宣庆小区 1 号楼 | 网　址 / www.bfwy.com |
| 印　刷 / 嘉业印刷（天津）有限公司 | 开　本 / 880mm×1230mm　1/32 |
| 字　数 / 140 千 | 印　张 / 8 |
| 版　次 / 2024 年 4 月第 1 版 | 印　次 / 2024 年 4 月第 1 次印刷 |
| 书　号 / ISBN 978-7-5317-6092-4 | 定　价 / 59.80 元 |